Roshan Kumar
P.K. Awasthi

Diversificação agrícola em Bihar: An Econometric Analysis

Roshan Kumar
P.K. Awasthi

Diversificação agrícola em Bihar: An Econometric Analysis

ScienciaScripts

Imprint

Cover image: www.ingimage.com

This book is a translation from the original published under ISBN 978-3-659-85193-3.

Publisher:
Sciencia Scripts
is a trademark of
Dodo Books Indian Ocean Ltd. and OmniScriptum S.R.L publishing group

120 High Road, East Finchley, London, N2 9ED, United Kingdom
Str. Armeneasca 28/1, office 1, Chisinau MD-2012, Republic of Moldova, Europe
Printed at: see last page
ISBN: 978-620-8-35102-1

ÍNDICE DE CONTEÚDOS

1. INTRODUÇÃO

1.1. O problema

O crescimento sustentável da agricultura depende consideravelmente do processo de transformação agrícola, que, por sua vez, está bem relacionado com as mudanças nos padrões de produção, ou seja, com o grau de diversificação agrícola. O termo "diversificação" deriva da palavra "divergir", que significa mover-se ou estender-se numa direção diferente de um ponto comum. A diversificação agrícola pode ser descrita em termos da passagem da predominância regional de uma cultura para a produção de um grande número de culturas para satisfazer a procura crescente dessas culturas. Pode também ser descrita como o desenvolvimento económico de actividades não agrícolas. O processo de diversificação pode ser classificado em diversificação horizontal e vertical. A diversificação horizontal pode ser referida como a forma de diversificação em que os agricultores diversificam as suas actividades agrícolas a fim de estabilizar ou aumentar o seu rendimento ou ambos. Pode assumir a forma de uma mudança da agricultura de subsistência para a agricultura comercial ou de uma mudança de culturas alimentares de baixo valor para culturas de alto valor. A diversificação vertical refere-se ao acesso dos agricultores a rendimentos não agrícolas, ou seja, a rendimentos provenientes de fontes não agrícolas.

Além disso, o crescimento económico sustentado, o aumento do rendimento per capita e a urbanização crescente estão aparentemente a provocar uma mudança nos padrões de consumo a favor de produtos alimentares de elevado valor, como frutas, produtos hortícolas, produtos lácteos, aves de capoeira, carne e peixe, em detrimento de alimentos de base como o arroz, o trigo e os cereais grosseiros. Esta mudança nos padrões de consumo a favor de produtos alimentares de elevado valor reflecte um processo contínuo de diversificação agrícola.

A agricultura ocupa o lugar central no desenvolvimento global da economia de Bihar. Cerca de 89% da população de Bihar vive em zonas rurais. A agricultura continua a ser o pilar da economia do Estado e uma importante fonte de subsistência para uma grande maioria da população. A agricultura de Bihar continua a dar emprego a mais de 70% da população ativa total. No entanto, ao longo dos anos, em conformidade com as tendências do resto da economia, a parte da agricultura no Produto Interno Bruto do Estado (PIBS) registou um declínio substancial. Em 2001-02, a quota-parte da agricultura no PIBS era de cerca de 32%, tendo descido para menos de 19% em 2013-14 (a preços constantes de 2004-05; Relatório do Inquérito Económico, Bihar 2014-15). As razões que explicam esta queda podem ser, entre outras, a redução da terra arável, a deterioração da produtividade da terra, a falta de um planeamento adequado da utilização da terra e a falta de capital e de tecnologia adequada. O Estado de Bihar tem um ambiente agro-climático favorável ao cultivo de uma variedade de produtos hortícolas sazonais e fora de época, frutos, flores, especiarias, plantas aromáticas e medicinais. Assim, a região estatal tem potencialidades para passar da atual agricultura de subsistência para uma agricultura comercial através da diversificação agrícola. No entanto, o ambiente favorável não pôde ser utilizado para aproveitar o enorme potencial inexplorado devido a uma série de limitações operacionais.

Espera-se que o crescimento induzido pela diversificação gere enormes oportunidades de rendimento e de emprego para os agricultores, especialmente para os pequenos proprietários e os trabalhadores rurais. A maioria dos produtos de base de elevado valor, especialmente os produtos hortícolas, são de mão de obra intensiva, têm um período de gestação baixo e geram rendimentos rápidos e mais elevados por unidade de terra e de mão de obra, mas a agricultura de elevado valor exige mais capitais, melhores tecnologias, factores de produção de qualidade e melhores serviços de apoio. A falta de acesso a estes factores pode limitar a diversificação das pequenas explorações agrícolas. A maior parte dos produtos de base de elevado valor são perecíveis e necessitam de transporte imediato da produção para os centros de consumo e/ou mercados. Em alternativa, estes produtos têm de ser armazenados ou transformados em formas menos perecíveis. Os mercados rurais de produtos de base de elevado valor são escassos e os excedentes comercializados pelos pequenos agricultores são geralmente demasiado pequenos para serem comercializados economicamente em mercados urbanos distantes devido aos elevados custos de transporte. Vários estudos demonstraram que a agricultura enfrenta sérios problemas de diminuição do rendimento das culturas e de degradação dos recursos, que podem agravar-se ainda mais se não forem tomadas imediatamente medidas corretivas.

A diversificação da agricultura para culturas selectivas de elevado valor comercial, incluindo frutos e produtos hortícolas fora de época, compatíveis com as vantagens comparativas da região, é sugerida como uma solução viável para estabilizar e aumentar o rendimento agrícola, aumentar as oportunidades de emprego e conservar e melhorar os recursos naturais, principalmente a terra e a água. A adoção de culturas de rendimento de elevado valor ajuda de duas formas. Em primeiro lugar, promove a utilização produtiva das abundantes terras marginais disponíveis no Estado. Em segundo lugar, estas culturas ajudam a manter e a melhorar a ecologia e o ambiente, promovendo a conservação e a melhoria da fertilidade dos solos. Em termos económicos, conduz a uma melhoria significativa da qualidade de vida da população.

O processo de diversificação das culturas para culturas de elevado valor em Bihar é muito lento e não está a estender-se a muitas zonas novas. As experiências a nível microeconómico demonstram ainda que a diversificação através de culturas de elevado valor não só é economicamente vantajosa como também reduz a pressão sobre a base de recursos naturais. A nível macroeconómico, a transformação agrícola que conduziu à prosperidade rural manifesta-se numa série de indicadores socioeconómicos e no nível de pobreza. Estes resultados atraíram a atenção dos economistas e dos decisores políticos. Neste contexto, o presente estudo propõe-se compreender o padrão, os processos e os factores que facilitaram o processo de diversificação agrícola. E, mais importante, as lições que resultam da experiência do estado, para que a estratégia de diversificação e desenvolvimento agrícola possa ser replicada e alargada a outras áreas, tanto dentro como fora do estado.

1.2. Âmbito do estudo

O presente estudo diz respeito ao Estado de Bihar, composto por 38 distritos. O Estado representa 2,9 por cento da área geográfica total da União Indiana. A natureza do estudo é simultaneamente positiva e normativa e procura diagnosticar o padrão de crescimento em termos de área, produção e rendimento das principais culturas, bem como as tendências emergentes e o padrão de diversificação agrícola, tanto a nível distrital como estatal. Este estudo é essencial para avaliar as variações inter-distritais no crescimento agrícola e as combinações de culturas sazonais que minimizam os riscos agrícolas, de modo a que se possa definir um caminho para a prosperidade do sector agrícola e dar algumas sugestões.

1.3. Objectivos específicos

Os objectivos específicos do estudo são os seguintes

1. Analisar o padrão de crescimento temporal e espacial da área, da produção e do rendimento das principais culturas.

2. Examinar as tendências emergentes e o padrão de diversificação agrícola, incluindo a diversificação horizontal e vertical.

3. Conhecer os constrangimentos à diversificação agrícola e sugerir estratégias e políticas adequadas para um crescimento agrícola acelerado e diversificado.

1.4. Limitações do estudo

As limitações dizem respeito à cobertura e à inadequação dos dados necessários para a análise sofisticada. Por conseguinte, as conclusões retiradas deste estudo serão válidas nas condições específicas dadas e podem não ser generalizadas para aplicações mais alargadas.

1.5. Plano do estudo

O problema em investigação, o âmbito e os objectivos do estudo são apresentados no primeiro capítulo. No segundo capítulo, descreve-se a moda do estudo anterior, seguido do perfil da área de estudo no terceiro capítulo. Os aspectos metodológicos do estudo são apresentados no quarto capítulo. A análise dos dados e a sua possível interpretação são descritas no quinto capítulo. O resumo, a conclusão e as sugestões para trabalhos futuros são apresentados no sexto capítulo, seguidos das referências e dos apêndices.

2. REVISÃO DA LITERATURA

Neste capítulo, foi feita uma tentativa de analisar criticamente a literatura anterior relevante para o presente estudo. A literatura revista ajudará a manter a investigação na direção correta e a aperfeiçoar o estudo. O trabalho de investigação realizado por vários investigadores relacionado com o problema em estudo foi revisto e apresentado neste capítulo.

Velayutham et. al. (2003) observaram que, de um modo geral, o grau de diversificação na Índia é elevado e parece que o processo de diversificação adicional se iniciou, o que constitui um sinal de dinamismo. As mudanças emergentes no padrão da procura, juntamente com a maior capacidade de resposta dos agricultores a essas mudanças, sugerem que o sector agrícola indiano está pronto para avançar com a diversificação das culturas a nível microeconómico.

Bala et. al. (2005) examinaram a extensão das mudanças no padrão de cultivo e o seu efeito no rendimento e no emprego. Os dados recolhidos através da técnica de amostragem aleatória estratificada em três fases foram utilizados para analisar o impacto da diversificação e da comercialização ao longo do tempo. O padrão de cultivo dominado pelos cereais foi substituído por um padrão de cultivo baseado nos vegetais, tendo a área cultivada com cereais diminuído de 59% para 5%. A intensidade de cultivo aumentou de 197 para 225 por cento. Como as culturas hortícolas são altamente intensivas em mão de obra, as necessidades anuais de mão de obra aumentaram cerca de 49%. O rendimento anual por exploração agrícola aumentou mais de três vezes. Este aumento do nível de rendimento, que se deve à diversificação agrícola, melhorou o nível de vida dos agricultores.

Mishra (2005) observou que o desempenho do sector agrícola em termos de crescimento, em relação a outros sectores da economia indiana, na era pós-reforma, é retardado e desanimador. Mishra mostrou que a taxa de crescimento do produto interno bruto da agricultura registou uma tendência crescente entre 1970-71 e 1999-2000, mas diminuiu entre 2000-01 e 2004-05, sendo o declínio drástico no caso deste último. Além disso, durante o período de reformas, a taxa de crescimento do sector agrícola foi muito inferior à taxa de crescimento do PIB. Em última análise, a taxa de crescimento económico durante todo o período de reformas foi inferior à registada durante a década de 1980. A produção global do sector registou uma aceleração estatisticamente significativa ou nenhuma aceleração ou desaceleração estatisticamente significativa na taxa das culturas alimentares e não alimentares.

Pathanayak et. al. (2005) examinaram a natureza da diversificação e da concentração das culturas em Orissa na última década e meia. Foram utilizadas medidas de Herfindhal e de entropia para medir a diversificação das culturas e o índice de concentração das culturas. O quociente de localização foi utilizado para medir a diversificação das culturas. Os resultados mostraram que, em quase todos os distritos de Orissa, está a ocorrer uma especialização das culturas e que a equação dos mínimos quadrados ordinários determinou a maior parte da diversificação das culturas.

Kuni (2006) analisou o desempenho do crescimento da agricultura e a natureza da mudança no padrão de cultivo no Estado de Assam durante um período de 49 anos, com início em 1951-52. O desempenho global da agricultura no Estado não revela qualquer tendência significativa de prosperidade. O aumento da taxa de rendimento tem sido muito baixo e mesmo negativo durante muitos períodos. Na ausência de qualquer alteração apreciável nas taxas de crescimento do rendimento relativo entre culturas, os agricultores do Estado não efectuaram quaisquer alterações significativas no seu padrão de cultivo. Em vez disso, parece tratar-se de uma mudança gradual do padrão de cultivo, que deixou de ser diversificado e passou a privilegiar as culturas de cereais alimentares.

Joshi et. al. (2006) estudaram o impacto da diversificação da agricultura para os produtos hortícolas no rendimento agrícola e no emprego, utilizando informações ao nível dos agregados familiares, e observaram que a produção de produtos hortícolas é mais rentável e intensiva em mão de obra, pelo que se enquadra bem nos sistemas de produção das pequenas explorações agrícolas. Os pequenos agricultores são relativamente mais eficientes na produção e possuem mais mão de obra familiar do que os grandes agricultores. A produção de produtos hortícolas é o sector emergente na diversificação agrícola que aumentaria o rendimento dos pequenos agricultores e criaria oportunidades de emprego nas zonas rurais. As mulheres também são beneficiadas, uma vez que a produção de produtos hortícolas envolve relativamente mais mão de obra feminina em várias operações.

Joshi et. al. (2006) examinaram as fontes de crescimento do rendimento das culturas na agricultura indiana durante as décadas de 1980 e 1990. A análise decompõe o crescimento do rendimento das culturas na contribuição de aumentos de rendimento, expansão da área, aumentos de preços e diversificação de culturas de baixo valor para culturas de valor mais elevado. Os resultados confirmam que, a nível nacional, a tecnologia (maior rendimento) foi a principal fonte de crescimento do rendimento das culturas durante a década de 1980, enquanto o aumento dos preços e a diversificação surgiram como as fontes dominantes de crescimento na agricultura durante a década de 1990. A diversificação para culturas de maior valor, como frutas e legumes, foi responsável por cerca de 27% do crescimento do rendimento das culturas na década de 1980 e 31% na década de 1990.

Talukdar et. al. (2006) examinaram o crescimento agrícola, o grau de diversificação das culturas e os esforços tecnológicos no cultivo do arroz no distrito de Nagaon, em Assam. O padrão de cultivo no estado é predominado pelos cereais, cuja área proporcional está a diminuir nos últimos anos, e o estado tem assistido a um crescimento moderado da diversificação. No sector dos cereais, o arroz de verão surgiu como uma cultura de salvamento na zona afetada pelas inundações. Nos últimos anos, o Estado registou um crescimento decrescente da intensidade e da diversificação das culturas em todos os grupos de culturas. Deve ser dada especial atenção ao planeamento das culturas com base na terra para aumentar a intensidade das culturas e os índices de diversificação. As restrições importantes à diversificação, como o fortalecimento dos mercados de insumos e produtos, irrigação, estradas e comunicações, mecanização, crédito e instalações de armazenamento e serviços agrícolas, devem ser minimizadas.

Toor et. al. (2006) fizeram uma tentativa de analisar o cenário de mudança da Índia como um todo na sequência da globalização. "Após o início das reformas económicas durante o ano de 1991-92, a Índia emergiu como uma das economias de crescimento mais rápido do mundo. No entanto, o crescimento do produto interno bruto abrandou ligeiramente após 1996-97". Verificaram igualmente que as taxas de crescimento do sector agrícola e do sector não agrícola atingiram o seu ponto máximo entre 1990-91 e 1995-96. Após este período, a taxa de crescimento do sector agrícola registou uma tendência decrescente.

Sharma (2007) analisou o conceito de diversificação das culturas, que transmite diferentes significados a diferentes pessoas e a diferentes níveis. A diversificação das culturas significa uma transferência de recursos das actividades agrícolas para as actividades não agrícolas, a utilização de recursos numa combinação mais vasta de actividades diversificadas e complementares no âmbito da agricultura e uma gestão de recursos de culturas de baixo valor para culturas de alto valor. Por conseguinte, o aumento da produção agrícola só poderá ser alcançado através da intensificação e diversificação da agricultura e da utilização racional dos solos.

Sharma (2007) argumentou a favor da diversificação das culturas. "No início do novo milénio, numa altura em que a produção de alimentos mal consegue acompanhar o crescimento demográfico, os agricultores são convidados a diversificar, a produzir culturas adequadas à exportação e a completar o mercado internacional". Acrescentou ainda que "quase 15 anos após o início da liberalização económica, em vez de registar um crescimento sem precedentes, o sector agrícola enfrenta uma grave crise. Esta situação reflecte-se numa desaceleração significativa da taxa de crescimento da agricultura, tanto em termos de produção como de rendimento. Considerando apenas a produção do sector agrícola, em comparação com uma taxa de crescimento de 3,5% durante a década de 1980, a taxa de crescimento da produção agrícola desacelerou para apenas 2,37% por ano durante a década de 1990. Esta foi a taxa de crescimento mais baixa registada em qualquer período. Atualmente, a taxa de crescimento da produção agrícola caiu ainda mais, atingindo um mínimo abismal de 1,5% em 2004-05. Bathla (2006) também concorda com Sharma: "Uma maior abertura da agricultura ao comércio mundial, na sequência de políticas macroeconómicas comerciais e cambiais e do estabelecimento de regras comerciais multilaterais no âmbito da OMC, pode estar a dar sinais aos agricultores sobre as vantagens comparativas de determinadas culturas, que têm maior procura nos mercados internacionais". E "a diversificação agrícola é considerada a estratégia mais adequada para aumentar o crescimento".

Singh (2007) constatou que a diversificação agrícola surgiu como uma alternativa importante para atingir os objectivos de produção, crescimento, criação de emprego e sustentabilidade dos recursos naturais nos países em desenvolvimento. As novas oportunidades que tornam a diversificação agrícola benéfica resultam de avanços tecnológicos, de mudanças no padrão da procura, de mudanças na política governamental, do desenvolvimento da irrigação e de outras infra-estruturas e do desenvolvimento de novos acordos comerciais.

Behera et. al. (2008) observaram que os constrangimentos socioeconómicos e institucionais, a ausência de consolidação das explorações e a agricultura de grupo, as desvantagens de localização (zona remota longe dos centros de mercado), o analfabetismo dos agricultores, o colapso total do sistema de extensão agrícola e a falta de transportes e de instalações de comercialização são constrangimentos importantes associados à diversificação das culturas.

Jha et. al. (2008) recomendaram que a agricultura tradicional não pode, por si só, proporcionar emprego e rendimentos adequados a uma população rural em crescimento. A pressão da população sobre a terra já é bastante elevada. Por conseguinte, o Estado deve desenvolver planos específicos para um crescimento acelerado e diversificado. A diversificação poderia incidir tanto nas variedades de culturas como noutros produtos. Mais áreas poderiam ser cultivadas com leguminosas, oleaginosas e milho, e a diversificação para a horticultura, a pecuária e a pesca deveria ter um papel mais importante.

Verma et. al. (2008) observaram que a diversificação agrícola na Índia está a acelerar constantemente no sentido de culturas de elevado valor e actividades pecuárias para aumentar o rendimento agrícola. A natureza da diversificação agrícola difere de região para região devido à grande heterogeneidade das condições agro-climáticas e socioeconómicas. De um modo geral, o padrão de diversificação agrícola revela uma mudança da produção vegetal para a produção animal durante as décadas de 1980 e 1990. O subsector da pecuária nas diferentes regiões cresceu em resultado da procura crescente de produtos animais, nomeadamente leite, carne, ovos, etc. A diversificação a favor da horticultura e da pecuária é mais acentuada nas zonas de sequeiro. Os autores estudaram a diversificação da produção e do consumo de alimentos nas zonas rurais e urbanas da Índia. Com o aumento dos rendimentos, os padrões de alimentação mudam normalmente de uma dieta básica à base de cereais para produtos não cerealíferos.

Bhalla et. al. (2009) observaram que a diversificação na agricultura se refere à adoção de um sistema agrícola que envolve a mudança do padrão de cultivo de culturas tradicionalmente menos remuneradoras para culturas mais remuneradoras, como oleaginosas, leguminosas, culturas forrageiras, horticultura, plantas medicinais e aromáticas, floricultura, etc., e inclui actividades baseadas na terra, como empresas de pecuária e pesca. A diversificação das culturas é desejável para aumentar os rendimentos das explorações rurais e a segurança alimentar.

Mittal (2009) examinou a viabilidade económica da diversificação para as culturas hortícolas. Foi efectuada uma análise custo-benefício e apresentada uma comparação entre os produtos de base do grupo dos cereais alimentares e dos produtos hortícolas para avaliar a viabilidade da diversificação. O BCR da horticultura foi considerado mais elevado do que o dos cereais. Isto implica que é rentável e economicamente viável transferir terras dos cereais para as culturas hortícolas.

Argumentou-se que a razão pela qual os agricultores ainda continuam a cultivar os grãos alimentares básicos é a sua procura para consumo próprio. O estudo alertou para o facto de que a reafectação/diversificação das terras deve ser feita de forma a otimizar a produção e o rendimento, tendo em conta a procura interna, o objetivo de exportação e a melhoria das condições económicas dos agricultores. É necessário identificar o plano de diversificação para o sector hortícola, uma vez que este constitui uma opção atractiva e uma fonte importante de promoção do crescimento do sector agrícola.

Haque et. al. (2010) estudaram o padrão de cultivo dos estados do leste da Índia e compararam-no entre 1999-2000 e 2006-07, utilizando o índice de diversificação das culturas. Verificou-se que a diversificação das culturas tinha diminuído em relação aos níveis de 1999-2000 nos Estados de Bihar, Orissa e Jharkhand, enquanto aumentou ligeiramente em Uttar Pradesh e muito em Bengala Ocidental. O índice de Simpson de diversificação das culturas (SID), que mostra a diversificação para além dos cereais alimentares, revela que em Bihar aumentou desde 1970-71, mas após 2000-01 registou um declínio. Em Jharkhand, diminuiu. Em Orissa, registou-se uma redução, sobretudo a partir de 1995-96. Em Uttar Pradesh, aumentou ligeiramente, ao passo que em Bengala Ocidental a diversificação das culturas, em detrimento dos cereais alimentares, registou um aumento tremendo. Em Bengala Ocidental, Orissa e Jharkhand, a diversificação máxima das culturas foi para as sementes oleaginosas. No Bihar e no Uttar Pradesh, a diversificação significativa das culturas foi direcionada para culturas de plantação como a juta e a cana-de-açúcar, respetivamente.

Kakarlapudi (2012) observou que, após o acordo da OMC, as políticas iniciadas actuaram contra a agricultura e o crescimento da agricultura desceu efetivamente para menos de 2% ao ano. Embora existam diversas explicações para o abrandamento do crescimento agrícola na Índia durante a última década, há dois factores que são os principais responsáveis por este abrandamento. Dois factores foram os principais responsáveis por este cenário: o declínio contínuo da área cultivada e o declínio do rendimento de muitas culturas no período pós-reforma. Observa-se igualmente que, mais do que os factores do lado da procura, são os factores do lado da oferta que contribuem para esta desaceleração do crescimento da agricultura indiana. A redução do investimento público na irrigação e nas sementes, na tecnologia e na extensão afectou grandemente o rendimento. O motor da produção agrícola durante o período pós-reforma foi a alteração dos padrões de cultivo, que passaram de cereais alimentares de baixo preço para culturas comerciais de elevado preço.

Kumar et. al. (2013) examinaram as tendências de crescimento e instabilidade na agricultura indiana a nível distrital e identificaram caraterísticas distintivas e factores de crescimento da produtividade nos distritos. A produtividade do sector das culturas revelou enormes variações entre os distritos, tanto no conjunto do país como no interior de um Estado. O desempenho variável do sector das culturas sublinhou a necessidade de desenvolver estratégias diferenciadas a nível regional para assegurar um crescimento agrícola sustentável e inclusivo num Estado e, consequentemente, no país.

Mohanty et. al. (2013) analisaram a diversidade do desempenho agrícola no estado de Odisha entre 1993/94 e 2010/11. Todo o período de tempo é dividido em dois subperíodos, nomeadamente o período das primeiras reformas (1993/942001/02) e o período das últimas reformas (2002/03-2010/11). Com uma quebra de tendência, estima-se a diversificação da área de produção dos principais grupos de culturas. Observa-se que a diversificação aumentou, mas não substancialmente, na área cultivada a nível estatal na segunda fase. Foram observados alguns resultados diversificados ao examinar a diversificação da área cultivada nas zonas fisiográficas e nos distritos para os principais grupos de culturas. O mérito do aumento da diversificação no segundo período deve ser atribuído ao plano e à política adoptados pelo governo do Estado. No entanto, a agricultura de Odisha tem de percorrer um longo caminho para alcançar a autossuficiência e um elevado nível de diversificação. Para acelerar o crescimento agrícola e a diversificação do Estado, as culturas de variedades de elevado rendimento são as condições prévias importantes em todos os distritos.

Salam et. al. (2013) observaram que Bihar diversificou a produção agrícola a favor da horticultura e das culturas comerciais a um ritmo muito lento durante o período pós-bifurcação. No entanto, é importante sublinhar que a área cultivada com cereais alimentares continua a ocupar mais de 86% da área cultivada total devido ao padrão tradicional de cultivo e aos hábitos alimentares tradicionais. Por conseguinte, a superfície, a produção e o rendimento das culturas de cereais não alimentares são mais estáveis do que os das culturas de cereais alimentares. Após a bifurcação de Bihar, a taxa de crescimento em termos de GSDP e NSDP revelou um aumento notável em quase todos os subsectores em comparação com o período anterior à bifurcação. No entanto, a agricultura e os sectores conexos registaram uma taxa de crescimento miserável em comparação com o sector industrial e dos serviços. A parte da agricultura e dos sectores conexos diminuiu de 46,70% para 26,51% entre 1990-91 e 2008-09. Apesar do declínio acentuado da sua parte no PNDS, a agricultura continua a desempenhar um papel vital no desenvolvimento de Bihar.

Jadhav et. al. (2014) estudaram as mudanças no padrão de utilização da terra, para estimar as taxas de crescimento da área, produção e produtividade das principais culturas cultivadas no estado de Maharashtra, e estimaram a taxa de crescimento do consumo de fertilizantes. O estudo revelou que a superfície florestal e outros pousios não eram significativos e que a superfície de baldios cultiváveis, a superfície semeada líquida e a superfície cultivada total eram negativamente significativas. Foram registadas taxas de crescimento positivas na área, produção e produtividade das principais culturas. Isto indica que o desenvolvimento agrícola está a ocorrer na direção desejada. A utilização de fertilizantes azotados não foi considerada significativa, mas a utilização de fertilizantes fosfatados e potássicos foi significativa em Maharashtra. Estes resultados ajudarão a lançar diferentes programas de desenvolvimento da agricultura no Estado.

Jadhav et. al. (2014) examinaram as mudanças no padrão de cultivo e a extensão da diversificação de culturas em diferentes distritos da região de Marathwada. Os distritos selecionados para o estudo foram Parbhani, Nanded, Latur, Jalna, Beed, Hingoli, Aurangabad e Osmanabad. Foram recolhidos dados de séries cronológicas (secundários) sobre a área, a produção e a produtividade de culturas selecionadas, a produção alimentar total, etc., para o período de 1980-81 a 2010-11. Foi elaborado o padrão de cultivo em termos de percentagem de cada cultura na área cultivada bruta. O índice de entropia (EI), o índice de entropia modificado (MEI) e o índice de entropia composto (CEI) foram utilizados para quantificar a diversificação das culturas. O estudo mostrou que existiam grandes mudanças temporais no padrão de cultivo. A área de sorgo estava a ser substituída por soja e a soja alcançou uma posição de prestígio no padrão de cultivo da região de Marathwada. A divisão de Latur e a região de Marathwada diversificaram-se mais do que a divisão de Aurangabad. Os distritos de Osmanabad, Parbhani e Nanded registaram níveis crescentes de diversificação, enquanto os distritos de Jalana e Latur registaram um baixo nível de diversificação. Aurangabad e Beed foram considerados mais ou menos estáveis na diversificação das culturas.

Mishra et. al. (2014) observaram que a diversificação das culturas pode desempenhar um papel importante no desenvolvimento da agricultura indiana. O seu estudo centrou-se em duas questões principais: a alteração do padrão de cultivo e a mudança de preferência dos agricultores por culturas de rendimento de elevado valor. As conclusões do estudo sugerem que o padrão de cultivo na agricultura indiana, em termos de área cultivada, tem sido desviado para as culturas alimentares. A produção de culturas de elevado valor tem demonstrado uma tendência crescente.

Pandey et. al. (2015) analisaram as disparidades no crescimento agrícola nos estados indianos e exploraram os factores determinantes do crescimento agrícola. No entanto, para estimular o crescimento nos Estados onde a agricultura está a ficar para trás, é necessário dar maior ênfase ao aumento da área irrigada, às despesas com a investigação agrícola, à área cultivada com frutas e produtos hortícolas, ao número de mercados regulamentados, ao comprimento das estradas, às instalações de armazenagem frigorífica e ao crédito institucional para fins de investimento. O sector privado deve participar em parcerias público-privadas para melhorar as infra-estruturas neste sector.

3. PERFIL DA ZONA DE ESTUDO

Um programa de investigação exige um conhecimento profundo da área de estudo em que a investigação vai ser efectuada. As caraterísticas gerais da área em estudo, ou seja, o estado de Bihar, são apresentadas neste capítulo, para compreender as suas diferentes caraterísticas, o que facilitará a discussão das semelhanças e variações em diferentes componentes, nomeadamente a localização, a demografia, o clima, as zonas agro-climáticas, o padrão de utilização das terras, o padrão de cultivo, as instalações de irrigação, as alfaias agrícolas, as infra-estruturas e os programas/esquemas de desenvolvimento agrícola.

Localização

Bihar está situado na parte oriental da Índia, entre 24°-20'-10" N e 27°-31'-15" N de latitude e entre 83°-19'-50" E e 88°-17'-40" E de longitude. É o 13th maior estado, com uma área de 94.163 km^2 (36.357 sq mi). É um Estado totalmente sem litoral, embora a saída para o mar através do porto de Calcutá não seja muito distante. Bihar situa-se a meio caminho entre a Bengala Ocidental húmida, a leste, e o Uttar Pradesh sub-húmido, a oeste, o que lhe confere uma posição de transição em termos de clima, economia e cultura. Faz fronteira com o Nepal, a norte, e com Jharkhand, a sul. A planície de Bihar está dividida em duas metades desiguais pelo rio Ganges, que atravessa o centro, de oeste para leste. A terra de Bihar tem uma elevação média acima do nível do mar de 173 pés.

Demografia

Bihar é o terceiro estado mais populoso da Índia, com uma população total de 10.38.04.637 habitantes (5.41.85.347 homens e 4.96.19.290 mulheres), de acordo com o recenseamento da população do estado de 2011. O crescimento decadal da população de 2001 a 2011 é de 25,07%. A densidade populacional é de 1 102 habitantes por quilómetro quadrado, sendo que o distrito de Sheohar tem a densidade mais elevada de 1882 habitantes por quilómetro quadrado e o distrito de Kaimur tem a densidade mais baixa de 488 habitantes por quilómetro quadrado. O rácio entre os sexos é de 916 mulheres por 1000 homens, sendo que o distrito de Gopalganj tem o rácio mais elevado de 1.015 e os distritos de Munger e Bhagalpur têm o rácio mais baixo de 879 mulheres por 1000 homens. Bihar tem uma taxa de alfabetização total de 63,82% (73,39% para os homens e 53,33% para as mulheres).

Clima

Bihar situa-se completamente na região subtropical da zona temperada e o seu tipo de clima é subtropical húmido. O Bihar tem um clima diversificado. Em geral, a temperatura é subtropical, com Verões quentes e Invernos frescos. A temperatura média do Estado é de 27 °C.

O tempo frio começa no início de novembro e termina em meados de março. O clima em outubro e novembro é agradável. Os dias são luminosos e quentes e o sol não é demasiado quente. Logo que o sol se põe, a temperatura desce e o calor do dia dá lugar a um frio cortante. A temperatura no inverno em Bihar varia entre 010 °C. dezembro e janeiro são os meses mais frios em Bihar.

O tempo quente instala-se e prolonga-se até meados de junho. Os ventos quentes (loo) das planícies de Bihar sopram durante abril e maio com uma velocidade média de 8-16 km/hora. Estes ventos quentes afectam grandemente o conforto humano durante esta estação. A temperatura média no verão é de cerca de 35-40 °C.

Pouco depois de meados de junho começa a estação das chuvas, que se prolonga até ao final de setembro. O início desta estação ocorre quando uma tempestade vinda da Baía de Bengala passa sobre Bihar. O início da monção pode ocorrer logo na última semana de maio ou na primeira ou segunda semana de julho. A estação das chuvas começa em junho. Os meses mais chuvosos são julho e agosto. As chuvas são as dádivas da monção sudoeste. A monção do sudoeste retira-se normalmente de Bihar na primeira semana de outubro. A precipitação média anual em Bihar é de 1013 mm.

Zona agro-climática

Bihar tem três zonas agro-climáticas distintas - Noroeste, Nordeste e Sul (Quadro 3.1). A zona Noroeste tem 13 distritos. Esta zona recebe uma precipitação anual de 1040-1450 mm e o solo aqui é maioritariamente franco ou franco-arenoso. A zona Nordeste tem 8 distritos e recebe uma precipitação que varia entre 1200-1700 mm. O solo aqui é franco ou franco-argiloso. Finalmente, a zona Sul, com 17 distritos, recebe uma precipitação média anual de 9901240 mm e o solo é franco-arenoso, franco-argiloso, argiloso e franco-argiloso.

Tabela 3.1: Zona agro-climática e suas caraterísticas fisiográficas

S. Não.	Zona agro-climática	Distritos abrangidos	Solo	pH	Precipitação total (mm)	Temp. (°C)	
						Máximo.	Min.
1.	Zona agro-climática I (Noroeste)	West Champaran, East Champaran, Siwan, Saran, Sitamarhi, Sheohar, Muzaffarpur, Vaishali, Madhubani, Darbhanga, Samastipur, Gopalganj, Begusarai	Franco-arenoso, Franco-arenoso	6.5 8.4	10401450 (1245)	36.6	7.7
2.	Zona agro-climática II (Nordeste)	Purnea, Katihar, Saharsa, Supaul, Madhepura, Khagaria, Araria, Kishanganj	Franco arenoso, Franco argiloso	6.5 7.8	12001700 (1450)	33.8	8.8
3.	Zona agro-climática III (Sudeste e Oeste)	Sheikhpura, Munger, Jamui, Lakhisarai, Bhagalpur, Banka, Rohtas, Bhojpur, Buxar, Kaimur, Arwal, Patna, Nalanda, Nawada, Jehanabad, Aurangabad, Gaya	Franco arenoso, Franco argiloso, Franco argiloso, Argila	6.8 8.0	990 1240 (1115)	37.1	7.8

O valor entre parênteses indica a precipitação média anual

Fig 3.1: Zona agro-climática de Bihar

Fonte: www.krishi.bih.nic.in

Padrão de utilização do solo

Bihar situa-se na planície fluvial da bacia do Ganges. Devido a esta natureza topográfica, a proporção da terra total utilizada para fins agrícolas é elevada no Estado, em comparação com outros Estados da Índia. O quadro 3.2 apresenta o padrão de utilização das terras no Estado entre 2009-10 e 2011-12. Um olhar sobre os dados revelaria que este padrão se manteve praticamente inalterado ao longo dos anos. A área florestal manteve-se inalterada em 6,6% e a área de pastagens permanentes em 0,2%. Em 2009-10, a área líquida semeada era de 57,0 por cento e aumentou marginalmente para 57,6 por cento em 2011-12. Simultaneamente, também se registou um aumento da área bruta semeada entre 2009-10 (7295,81 mil hectares) e 2011-12 (7646,76 mil hectares). A intensidade de cultivo manteve-se inalterada nos dois primeiros anos (137%), mas aumentou marginalmente para 142% em 2011-12.

Quadro 3.2: Padrão de utilização das terras em Bihar

(Área em milhares de hectares)

Utilização do solo	**2009-10**	**2010-11**	**2011-12**
Área geográfica	9359.57 (100.0)	9359.57 (100.0)	9359.57 (100.0)
(1) Floresta	621.64 (6.6)	621.64 (6.6)	621.64 (6.6)
(2) Terras estéreis e não cultiváveis	431.72 (4.6)	431.72 (4.6)	431.72 (4.6)
(3) Terras afectadas a utilizações não agrícolas	1689.72 (18.1)	1699.74 (18.2)	1702.54 (18.2)
(4) Resíduos culturais	45.38 (0.5)	45.34 (0.5)	45.23 (0.5)
(5) Pastagens permanentes	15.78 (0.2)	15.73 (0.2)	15.7 (0.2)
(6) Terras com culturas arbóreas	243.98 (2.6)	244.56 (2.6)	244.57 (2.6)
(7) Pousios (excluindo os pousios actuais)	122.00 (1.3)	121.88 (1.3)	121.17 (1.3)
(8) Pousio atual	857.63 (9.2)	920.27 (9.8)	781.26 (8.3)
Total de terras não cultiváveis (1 a 8)	4027.84 (43.0)	4100.87 (43.8)	3963.83 (42.4)
Área Semeada Líquida	5331.73 (57.0)	5258.70 (56.2)	5395.75 (57.6)
Área bruta semeada	7295.81	7194.00	7646.76
Intensidade da cultura (%)	137	137	142

Os números entre parênteses indicam a percentagem da área geográfica total

Padrão de cultivo

O padrão de cultivo em Bihar é dominado pelos cereais. O sistema de cultivo de arroz-trigo ocupa mais de 70% da superfície cultivada bruta. As leguminosas ocupam cerca de 7% da superfície cultivada bruta. A importante sequência de culturas das diferentes zonas é a seguinte

Zona - I : Arroz - Trigo, Arroz - Rai, Arroz - Batata-doce, Arroz - Milho (Rabi), Milho - Trigo, Milho - Batata-doce, Milho - Rai, Arroz - Lentilha, Arroz - Semente de linhaça

Zona - II : Juta - Trigo, Juta - Batata, Juta - Kalai, Juta - Mostarda, Arroz - Trigo - Moong, Arroz - Toria

Zona - III : Arroz - Trigo, Arroz - Grama, Arroz - Lentilha, Arroz - Rai

Quadro 3.3: Padrão de cultivo em Bihar

Ano	**Percentagem da superfície na superfície bruta cultivada**				
	Total de cereais	**Total de impulsos**	**Total de cereais alimentares**	**Total de sementes oleaginosas**	**Grãos não alimentares**
2001-02	80.11	8.79	88.90	1.87	9.23
2002-03	79.75	8.75	88.50	1.72	9.78
2003-04	79.70	8.63	88.33	1.78	9.89
2004-05	78.90	8.89	87.79	1.78	10.43
2005-06	80.57	7.66	88.23	1.86	9.91
2006-07	80.80	7.90	88.70	1.85	9.45
2007-08	81.19	7.48	88.67	1.83	9.50
2008-09	81.54	7.49	89.03	1.70	9.27
2009-10	83.18	7.74	90.92	1.90	7.18
2010-11	78.29	7.47	85.76	1.98	12.26
2011-12	81.27	6.89	88.16	1.74	10.10
2012-13	80.63	6.68	87.31	1.65	11.04
2013-14	79.54	6.56	86.10	1.61	12.29

O quadro 3.3 apresenta a estrutura das culturas em Bihar para o período de 2001-02 a 2013-14. Os dados revelam que a economia agrícola de Bihar está muito inclinada para o sector de subsistência, uma vez que a superfície cultivada com o total de cereais alimentares, mesmo após uma diminuição nos últimos anos, é superior a 86%; a percentagem do total de cereais é de cerca de 80%, sendo a do arroz de cerca de 42%. A percentagem da área cultivada com leguminosas totais registou um declínio de cerca de 9 por cento em 2001-02 para 6,56 por cento em 2013-14. A percentagem de área sob o total de oleaginosas também mostrou um declínio marginal de 1,87 por cento em 2001-02 para 1,61 por cento em 2013-14.

Instalações de irrigação

Bihar é um estado ricamente dotado de recursos hídricos, com uma precipitação média elevada de 1013 mm por ano. No entanto, nem a precipitação nem a distribuição dos recursos hídricos são uniformes em todo o Estado, o que provoca uma cobertura desigual da irrigação nos diferentes distritos. Em 2013-14, Bihar tinha 46,80 lakh hectares de área irrigada em relação à sua área geográfica total de 93,60 lakh hectares. Durante o período de 13 anos (2001-02 a 2013-14), a área total irrigada aumentou de 44,60 lakh hectares para 46,80 lakh hectares, registando um aumento de apenas 4,9 por cento.

Estima-se que o potencial de irrigação final no Estado seja de cerca de 117,54 lakh hectares, incluindo esquemas de irrigação maiores, médios e menores, utilizando águas superficiais e subterrâneas. Enquanto os sistemas de irrigação principais e médios têm um potencial final de 53,53 lakh hectares, a irrigação menor tem um potencial de 64,01 lakh hectares. Se este potencial for plenamente explorado, pode cobrir mais do que a área total cultivada no Estado.

A Tabela 3.4 mostra a área irrigada através de fontes de irrigação menores para os anos 2012-13 e 2013-14.

Tabela 3.4: Área irrigada através de fontes de irrigação menores

(Área em milhares de hectares)

Fonte	**2012-13**	**2013-14**
Canal de superfície (irrigação menor/média)	36.32	26.09
Tanques (incluindo Ahars e Pynes)	59.41	41.59
Poços de água (privados e estatais)	161.96	64.25
Outras fontes (irrigação por elevação e irrigação por elevação por barcaças)	24.22	9.63
Total	**281.91**	**141.56**

Fonte: Departamento de Recursos Hídricos Menores, GOB

Alfaias agrícolas

No quadro 3.5, o progresso da mecanização agrícola através de subsídios foi apresentado para o período de 2009-10 a 2013-14. Pode ver-se no quadro que, contra 4635 motocultivadores em 2009-10, o número subiu para 6445 em 2012-13. No entanto, houve uma queda no número de motocultivadores distribuídos no ano seguinte. Também se regista uma diminuição do número de bombas distribuídas. Em 2013-14, foram distribuídas 18 mil bombas. Graças à seriedade dos extensionistas, registou-se um salto quântico na utilização de máquinas de plantio direto. Em comparação com as 860 máquinas distribuídas em 2009-10, o número subiu para 9760 em 2013-14. No caso das ceifeiras-debulhadoras, a taxa de crescimento é bastante baixa, devido ao seu elevado custo. No entanto, em 2013-14, a utilização de ceifeiras-debulhadoras aumentou e foram distribuídas 261 máquinas aos agricultores.

Quadro 3.5: Número de alfaias agrícolas distribuídas com base em subsídios

(Em números)

Implementos agrícolas		2009-10	2010-11	2011-12	2012-13	2013-14
Trator		3672	3644	3848	8158	5053
Ceifeira-debulhadora		42	65	109	322	261
Lavoura zero		860	301	3787	7701	9760
Conjunto de bombas		37293	30340	28615	25520	18019
Motocultivador		4635	5330	7567	6445	4293
Ferramentas/implementos acionados manualmente		245969	179790	146849	485209	43078
Debulhador		5723	4316	4857	4984	3652
Por lakh ha de superfície líquida semeada	Trator	69	69	71	151	94
	Conjunto de bombas	700	577	530	471	336

Instalações de infra-estruturas

O comprimento total das estradas em Bihar era de 2,26 lakh km, dos quais 4321 km de NH e 4389,20 km de SH em setembro de 2014, registando um aumento de 45,75 mil km no comprimento total das estradas em relação ao ano passado. O comprimento da estrada nacional (NH) no estado aumentou cerca de 120 km, enquanto a estrada estatal (SH) registou um declínio no comprimento de cerca de 94 km, indicando que este comprimento de SH foi melhorado para NH durante o ano. O comprimento das estradas distritais principais (MDR) aumentou cerca de 8% durante o ano, enquanto as estradas rurais aumentaram cerca de 28%.

Bihar registou um enorme crescimento no sector das telecomunicações no passado recente. Em 2013-14, o número total de ligações telefónicas aumentou cerca de 10% para 603,62 lakh em relação ao ano anterior, tendo os operadores privados aumentado a sua quota para cerca de 96%. Do total de ligações telefónicas da BSNL no estado, as ligações móveis constituíam 87%, as ligações fixas 8% e as ligações WLL cerca de 5%. No entanto, para os operadores privados, quase 100% das ligações eram telemóveis.

O sector financeiro de um Estado como Bihar é quase inteiramente impulsionado pelas SCB. Por conseguinte, qualquer evolução negativa no cenário bancário internacional e nacional que afecte as SCB terá também um impacto no sector financeiro de Bihar. O sector financeiro de Bihar tem em conta três tipos de instituições que funcionam no Estado: (1) bancos, que incluem bancos comerciais, bancos rurais regionais, bancos cooperativos e outras instituições cooperativas, (2) instituições financeiras estatais e (3) instituições financeiras nacionais. A Tabela 3.6 mostra o número total de agências bancárias de diferentes bancos no estado.

Quadro 3.6: Número de agências bancárias em Bihar

Banco		N.ºs . de sucursais
Bancos comerciais		5908 (em 14 de março)
Bancos cooperativos	Bancos Cooperativos do Estado	12 (em 13 de março)
	DCCBs	311 (em 13 de março)
Bancos rurais regionais		1889 (em 14 de setembro)

Fonte: Comité de banqueiros a nível estatal

Programas/regimes de desenvolvimento agrícola

Missão Nacional de Horticultura - A Missão Nacional de Horticultura foi lançada como um regime patrocinado a nível central para promover o crescimento holístico do sector da horticultura através de estratégias diferenciadas a nível regional. O regime será totalmente financiado pelo governo e as diferentes componentes propostas para execução serão apoiadas financeiramente de acordo com as escalas estabelecidas.

National Bamboo Mission- A National Bamboo Mission será um regime patrocinado a nível central, em que a contribuição do governo central será de 100 por cento. O programa será executado pela Divisão de Horticultura do Departamento de Agricultura e Cooperação do Ministério da Agricultura, em Nova Deli.

Missão Nacional de Segurança Alimentar - O Conselho Nacional de Desenvolvimento (CND), na sua 53.a reuniãord , realizada em 29 de maio de 2007, adoptou uma resolução relativa ao lançamento de uma missão de segurança alimentar que inclui arroz, trigo e leguminosas para aumentar a produção de arroz em 10 milhões de toneladas, a de trigo em 8 milhões de toneladas e a de leguminosas em 2 milhões de toneladas até ao final do décimo primeiro plano (2011-12). Por conseguinte, foi lançado em 2007-2008 um regime patrocinado a nível central, a "Missão Nacional de Segurança Alimentar", para aplicar a resolução acima referida.

Rastriya Krishi Vikas Yojna - O regime Rastriya Krishi Vikas Yojna destina-se a incentivar os Estados a elaborarem planos a nível das bases para o seu sector agrícola de forma mais abrangente, tendo em conta as condições agro-climáticas, as questões relativas aos recursos naturais e a tecnologia, e integrando mais plenamente a pecuária, as aves de capoeira e as pescas. Para o efeito, será criado um novo regime de assistência central suplementar aos planos estatais, gerido pelo Ministério da Agricultura da União, para além dos actuais regimes patrocinados a nível central, a fim de completar as estratégias específicas de cada Estado ou zona, incluindo regimes especiais para os beneficiários da reforma agrária.

Para além dos regimes acima referidos, o governo estatal também gere Mukhyamantri Tivra Beej Vistar Yojna, Beej Gram Yojna, Jaivik Kheti Protsahan Karyakram, Kisan Salahkar Yojna, Agriculture Mechanization State Scheme, Rainfed Area Development Scheme, Paramparagat Krishi Vikas Yojna, National Mission on Oilseed and Oilpom Scheme, etc.

4. MATERIAL E MÉTODOS

Este capítulo é dedicado a apresentar os detalhes metodológicos adoptados para o cumprimento dos objectivos do presente estudo. Os objectivos definidos para o estudo foram alcançados através da utilização de séries temporais de dados secundários sobre a área, a produção e a produtividade das principais culturas e a distribuição setorial do produto interno bruto do Estado. Para cada objetivo do estudo, foi utilizada a metodologia que se revelou mais adequada. Assim, este capítulo fornece uma visão do quadro concetual da conceção da investigação seguida na realização do inquérito. As várias fases da metodologia de investigação utilizada para levar a cabo o presente estudo são discutidas nas seguintes rubricas gerais

4.1. A área de estudo

4.2. Os dados

4.3. Seleção de culturas

4.4. Período de estudo

4.5. Quadro analítico

4.6. A área de estudo

O presente estudo limita-se ao Estado de Bihar, que representa 2,9% da área geográfica da União Indiana. O Estado de Bihar foi selecionado propositadamente para o presente estudo devido a alguns objectivos especiais, como conhecer o desempenho do crescimento e as potencialidades da diversificação agrícola. Compreende 38 distritos e o estudo abrangeu todos os distritos e o Estado no seu conjunto para atingir os objectivos estabelecidos.

4.7. Os dados

Os dados utilizados para o estudo baseiam-se inteiramente em fontes secundárias de dados de diferentes fontes publicadas e sítios Web, a fim de alcançar os vários objectivos do estudo. Foram recolhidos dados secundários de séries cronológicas sobre a área, a produção e a produtividade das principais culturas alimentares e não alimentares, o produto interno bruto do Estado, o padrão de consumo alimentar, etc., de várias edições, nomeadamente Bihar Through Figures publicado pela Direção de Economia e Estatística, Bihar, Patna, Economic Survey Report publicado pelo Departamento de Finanças, GOB e diferentes sítios Web.

4.8. Seleção de culturas

Foram incluídas no estudo culturas que ocupam pelo menos 10% da área cultivada bruta do Estado. As culturas de arroz, trigo e milho cultivadas em 10% ou mais da área bruta cultivada no estado. Assim, estas culturas são abrangidas pelo estudo que, em conjunto, partilharam 79,23% da área bruta cultivada durante o ano agrícola de 2013-14.

4.9. Período de estudo

Os dados necessários para atingir os objectivos declarados do presente estudo eram de natureza secundária. Os dados secundários relativos à superfície, à produção e ao rendimento das principais culturas, ao total de cereais, ao total de leguminosas, ao total de oleaginosas, às culturas não alimentares, etc., e à distribuição setorial do produto interno bruto do Estado foram recolhidos abrangendo um período de mais de uma década, ou seja, de 2001-02 a 2013-14. Os dados relativos ao padrão de consumo alimentar em Bihar abrangem apenas os anos 2004-05 e 2011-12.

4.10. Quadro analítico

Os dados recolhidos foram analisados utilizando técnicas simples de classificação e tabulação para cumprir os objectivos do estudo. Foram utilizadas as seguintes técnicas econométricas para determinar o desempenho do crescimento e as potencialidades da diversificação agrícola.

4.10.1. Mudança absoluta e relativa

Para compreender o desempenho das principais culturas no Estado, a alteração da área das culturas selecionadas em relação à área cultivada total do Estado e a alteração do padrão de consumo alimentar de Bihar, foram elaboradas medidas estatísticas de alteração absoluta e relativa.

A variação absoluta foi calculada através da seguinte fórmula

$$\textbf{Absolute Change} = \boldsymbol{Current\ Year - Base\ Year}$$

Ano atual= Média do triénio que termina em 2003-04 da superfície, produção e rendimento das principais culturas

Ano de referência= Média do triénio terminado em 2013-14 da superfície, produção e rendimento das principais culturas

A alteração relativa expressa em percentagem foi calculada com a seguinte fórmula

$$\textbf{Relative Change} = \frac{\boldsymbol{Current\ Year - Base\ Year}}{\boldsymbol{Base\ Year}} \mathbf{x100}$$

Ano atual= Média do triénio que termina em 2003-04

Ano de referência = média do triénio que termina em 2013-14

4.10.2. Tendência e taxa de crescimento composta

Para analisar o padrão de crescimento da área, da produção e do rendimento das culturas principais e selecionadas e examinar as tendências emergentes da diversificação agrícola no Estado, foram calculadas a tendência e a taxa de crescimento composta.

Tendência: A análise da tendência das variáveis selecionadas pode ser estimada com a ajuda de uma equação linear. A tendência linear foi ajustada com o método da técnica dos mínimos quadrados.

$$y = a + bx$$

Onde,

y= Variável dependente (superfície, produção e rendimento das principais culturas e das culturas selecionadas)

x= Variável independente (Tempo)

b= Coeficiente de regressão

a= Interceção / Constante

$$b = \frac{\sum_{i=1}^{n} xy - \frac{\sum_{i=1}^{n} x \sum_{i=1}^{n} y}{n}}{\sum_{i=1}^{n} x^2 - \frac{\left(\sum_{i=1}^{n} x\right)^2}{n}}$$

$$a = \bar{y} - b\bar{x}$$

$$\bar{y} = \frac{\sum_{i=1}^{n} y}{n}, \quad \bar{x} = \frac{\sum_{i=1}^{n} x}{n}$$

Taxa de crescimento composta: A taxa de crescimento composta por ano durante o período para todas as variáveis foi calculada a partir da seguinte fórmula

CGR= $(\boldsymbol{Antilog\ of\ B} - \mathbf{1}) \times \mathbf{100}$

Onde,

B= Log b

$$\text{Log b} = \frac{\sum_{i=1}^{n} x\log y - \frac{\sum_{i=1}^{n} x \sum_{i=1}^{n} \log y}{n}}{\sum_{i=1}^{n} x^2 - \frac{\left(\sum_{i=1}^{n} x\right)^2}{n}}$$

4.10.3. Diversificação agrícola

A diversificação agrícola em Bihar foi avaliada a partir de

a) Percentagem dos vários subsectores (sector agrícola, pecuária, silvicultura, pesca) no produto interno bruto do Estado

b) Alterações no padrão de cultivo e na mistura de culturas (cereais, leguminosas, cereais alimentares totais, oleaginosas, culturas não alimentares)

c) Diversificação i) do consumo alimentar ii) da produção agrícola

Além disso, o índice de Simpson de diversificação dos cereais alimentares e das culturas selecionadas foi estimado para o período de estudo.

$$\textbf{Simpson's Index of Diversification} = 1 - \sum_{i=1}^{n} p_i^2$$

Onde,

p_i = superfície proporcional da cultura i^{th} na superfície bruta cultivada

O índice varia entre 0 e 1 (0= especialização perfeita, 1= diversificação perfeita)

As restrições à diversificação das culturas foram retiradas de estudos anteriores efectuados por economistas eminentes.

Foram também utilizadas técnicas estatísticas de média aritmética e de percentagem sempre que necessário.

5. RESULTADOS E DISCUSSÃO

Os resultados da análise dos dados relativos a vários aspectos do presente estudo são apresentados neste capítulo de forma tão exacta e completa quanto possível. O capítulo é apresentado sob os seguintes títulos gerais

5.1. Padrões de crescimento da superfície, produção e rendimento das principais culturas

5.2. Tendências emergentes e padrão de diversificação agrícola

5.3. Constrangimentos na diversificação das culturas

5.4. Padrões de crescimento da superfície, produção e rendimento das principais culturas

Nesta secção, foram feitos esforços para explorar os padrões de crescimento temporal e espacial na área, produção e rendimento das principais culturas, tanto no distrito como no estado como um todo, estimando as mudanças absolutas e relativas em dois pontos do tempo e a tendência e taxa de crescimento composto da componente de produção para o período de estudo.

5.4.1. Desempenho das principais culturas no Estado

Nesta secção, procedeu-se a uma análise, por cultura, das alterações absolutas e relativas da área, da produção e do rendimento (produtividade) das principais culturas no Estado de Bihar. A média do primeiro (2001-02 a 2003-04) e do último triénio (2011-12 a 2013-14) foi utilizada para medir as alterações absolutas e relativas das principais culturas.

O quadro 5.1.1 indica que a área cultivada bruta em Bihar era de 7912,26 mil hectares no triénio que terminou em 2003-04, tendo diminuído para 7660,81 mil hectares no triénio que terminou em 2013-14, o que representa um declínio de 3,18% em relação ao ano de referência. Uma parte importante deste declínio na área cultivada bruta deveu-se à diminuição da área de arroz. Durante o período de 13 anos em análise, a produção total de cereais alimentares no estado aumentou de 11254,27 mil toneladas no triénio que terminou em 2003-04 para 17317,69 mil toneladas no triénio que terminou em 2013-14, provenientes de 6680,52 mil ha. Entre as culturas, o arroz, o trigo e o milho foram as principais culturas que, em conjunto, ocuparam 91,68% e 96,52% da área e da produção total de cereais alimentares, respetivamente. Outras culturas eram menores, cobrindo menos de 8,32% da área total de grãos alimentares no estado.

Quadro 5.1.1: Evolução da superfície, da produção e do rendimento das principais culturas em Bihar (superfície em milhares de hectares, produção em milhares de toneladas, rendimento em qt./ha)

Cultura	Produção Componente	Ano base	Ano atual	Mudança absoluta	Relativo Variação (%)
Arroz	Área	3570.00	3258.08	-311.92	-8.74
	Produção	5244.33	7719.73	2475.40	47.20
	Rendimento	14.69	23.65	8.96	60.99
Trigo	Área	2110.00	2166.12	56.12	2.66
	Produção	4040.00	6279.98	2239.98	55.45
	Rendimento	19.14	29.00	9.86	51.52
Milho	Área	611.33	700.20	88.87	14.54
	Produção	1448.33	2715.45	1267.12	87.49
	Rendimento	23.69	38.75	15.06	63.57
Total Cereais	Área	6318.47	6166.06	-152.41	-2.41
	Produção	10700.02	16788.88	6088.86	56.91
	Rendimento	16.93	27.22	10.29	60.78
Total Impulsos	Área	690.67	514.46	-176.21	-25.51
	Produção	554.25	528.81	-25.44	-4.59
	Rendimento	8.03	10.28	2.25	28.02
Total Grãos alimentares	Área	7009.14	6680.52	-328.62	-4.69
	Produção	11254.27	17317.69	6063.42	53.88
	Rendimento	16.06	25.92	9.86	61.39
Total Sementes oleaginosas	Área	141.88	127.99	-13.89	-9.79
	Produção	117.39	171.46	54.07	46.06
	Rendimento	8.27	13.39	5.12	61.91
Total das culturas têxteis	Área	170.22	138.99	-31.23	-18.35
	Produção	1162.28	1733.87	571.59	49.18
	Rendimento	68.24	129.30	61.06	89.48
Total de frutos	Área	266.11	294.82	28.71	10.79
	Produção	2256.78	3852.75	1595.97	70.72
	Rendimento	84.81	130.68	45.87	54.09
Total Legumes	Área	627.11	826.54	199.43	31.80
	Produção	8756.23	15343.64	6587.41	75.23
	Rendimento	139.63	185.64	46.01	32.95
Área bruta cultivada		7912.26	7660.81	-251.45	-3.18

O padrão de cultivo em Bihar alterou-se significativamente ao longo do tempo. À medida que a superfície cultivada bruta diminuía, o aumento da procura de alimentos devido ao aumento da população e à urbanização colocou as terras agrícolas sob pressão. Esta situação conduziu à diversificação das culturas e à substituição das culturas alimentares por culturas não alimentares.

Da área cultivada bruta de 7661 mil ha no ano em curso, 87,20% foram cultivados com cereais alimentares. Assim, apenas menos de 13% da área bruta cultivada foi ocupada por cereais não alimentares, que incluem oleaginosas, culturas de fibras e HVCs. A área cultivada com arroz diminuiu de 3570 mil ha no ano de referência para 3258 mil ha no ano atual, o que representa uma diminuição de 8,74% da área, enquanto a área cultivada com trigo e milho aumentou de 2110 mil ha para 2166 mil ha e de 611 mil ha para 700 mil ha, respetivamente. A área de cereais alimentares diminuiu 4,69 por cento e a área total de oleaginosas e fibras diminuiu 9,80 por cento e 18,35 por cento durante os dois períodos. A área total de frutos aumentou 10,80 por cento e a área total de produtos hortícolas 31,80 por cento.

Globalmente, a produção total de cereais alimentares aumentou de 11254 mil toneladas no triénio que terminou em 2003-04 para 17318 mil toneladas no triénio que terminou em 2013-14, inteiramente devido ao aumento da produção total de cereais de 10700 mil toneladas no ano de referência para 16789 mil toneladas no ano em curso. A produção de leguminosas diminuiu 4,59 por cento. Este facto indica o domínio e a importância crescente dos cereais no Estado. No entanto, a produtividade do arroz, do trigo e do milho continua a ser baixa no Estado, tendo aumentado lentamente de 14,69 para 23,65 qt/ha no caso do arroz, de 19,14 para 29 qt/ha no caso do trigo e de 23,69 para 38,75 qt/ha no caso do milho. A produtividade das leguminosas aumentou marginalmente de 8,03 para 10,28 qt/ha e o rendimento das oleaginosas aumentou 62%. A produção total de frutas e legumes aumentou 54% e 33%, respetivamente. Isto mostra o declínio ou a estagnação do sector agrícola de Bihar em ambos os períodos, mas é alarmante no período anterior. No entanto, existe um vasto reservatório de potencialidades inexploradas para transformar Bihar numa futura bacia alimentar do país.

5.4.2. Evolução e taxa de crescimento das principais culturas no Estado

As tendências da taxa de crescimento da superfície, da produção e da produtividade dependem de muitos factores. Por exemplo, a produtividade agrícola depende, na maioria dos casos, da superfície cultivada e da produção total de uma determinada cultura. A produção de uma cultura não depende apenas da área semeada, mas é também afetada pela tecnologia adoptada e pelo espírito empresarial e económico da produção. O quadro 5.1.2 mostra a taxa de crescimento (CAGR) de 2001-02 a 2013-14 na área, produção e produtividade das principais culturas a nível estatal.

O quadro 5.1.2 indica que a taxa de crescimento mais elevada em área (7,8%) e produção (9,4%) foi observada na cana-de-açúcar, enquanto a taxa de crescimento negativa em área (-2,8%) e produção (-0,2%) foi observada no total das leguminosas. Em termos de produtividade, a maior taxa de crescimento foi observada no total das culturas de fibras (4,8%), enquanto a menor taxa de crescimento foi observada na cana-de-açúcar (1,6%).

A superfície, a produção e o rendimento das principais culturas em Bihar, ou seja, o arroz, o trigo e o milho, apresentaram uma taxa de crescimento positiva, exceto a superfície de arroz (-1,0%). Nos grupos de culturas, a área de todos os grupos de culturas apresentou uma taxa de crescimento negativa, enquanto a sua produção e produtividade apresentaram uma taxa de crescimento positiva, exceto a produção total de leguminosas (-0,2%).

Tabela 5.1.2: Taxa de crescimento composto na área, produção e rendimento das principais culturas no estado (Ano 2001-02 a 2013-14, Unidade em %)

Crop	Area	Production	Yield
Rice	-1.0^{**}	3.4	4.3^{**}
Wheat	0.4^{*}	4.8^{***}	4.4^{***}
Maize	1.2^{***}	5.8^{***}	4.6^{***}
Total Cereals	-0.3	4.4^{**}	4.7^{***}
Total Pulses	-2.8^{***}	-0.2	2.6^{***}
Total Oilseeds	-0.8^{**}	3.4^{***}	4.2^{***}
Total Fibre Crops	-1.8^{*}	3.0^{***}	4.8^{***}
Sugarcane	7.8^{***}	9.4^{***}	1.6

*** Significativo ao nível de 1% de probabilidade

** Significativo ao nível de 5% de probabilidade

* Significativo ao nível de 10% de probabilidade

A taxa de crescimento negativo da área de arroz (-1,0%), significativa ao nível de 5% de probabilidade, mostra que a área de arroz está a diminuir gradualmente a um ritmo mais lento e pode ser transferida para outras culturas, o que não constitui um problema para a cultura do arroz, uma vez que este contribui com a área máxima (cerca de 43%) na área bruta cultivada. Apesar da taxa de crescimento negativa da área de arroz, a taxa de crescimento da produção (3,4%) e da produtividade (4,3%) do arroz aumentou, o que constitui um bom sinal de melhoria da cultura do arroz.

A taxa de crescimento negativo da superfície total das leguminosas (-2,8%), do total das oleaginosas (0,8%) e do total das culturas fibrosas (-1,8%) é preocupante para a agricultura do Estado, porque a sua contribuição para a superfície cultivada bruta é muito baixa. A taxa de crescimento negativa da produção total de leguminosas secas revela a situação crítica da cultura de leguminosas secas na agricultura do Estado.

As figuras 5.1 a 5.3 mostram a linha de tendência linear da superfície, da produção e do rendimento dos principais grupos de culturas em Bihar.

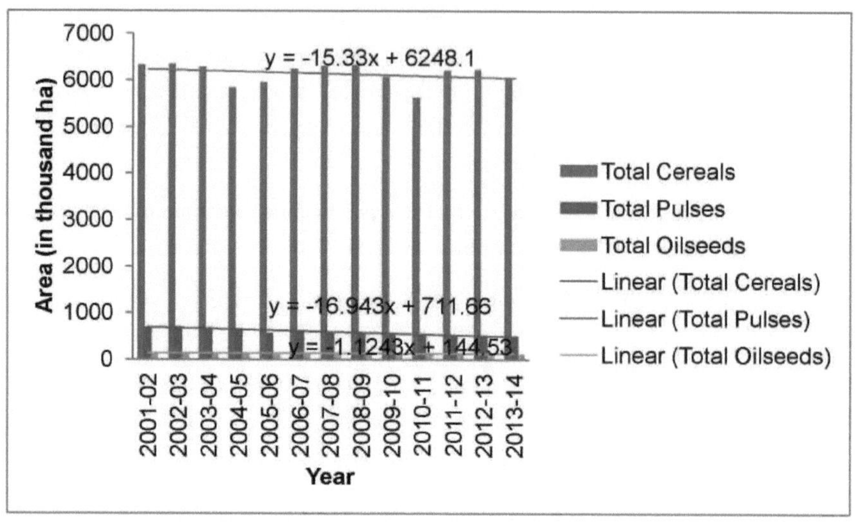

Fig 5.1: Tendência da área dos principais grupos de culturas

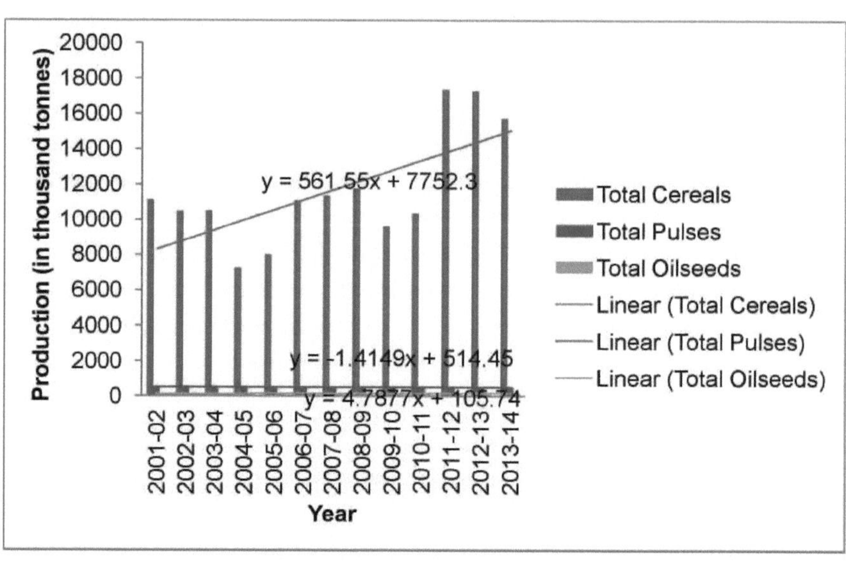

Fig. 5.2: Tendência da produção dos principais grupos de culturas

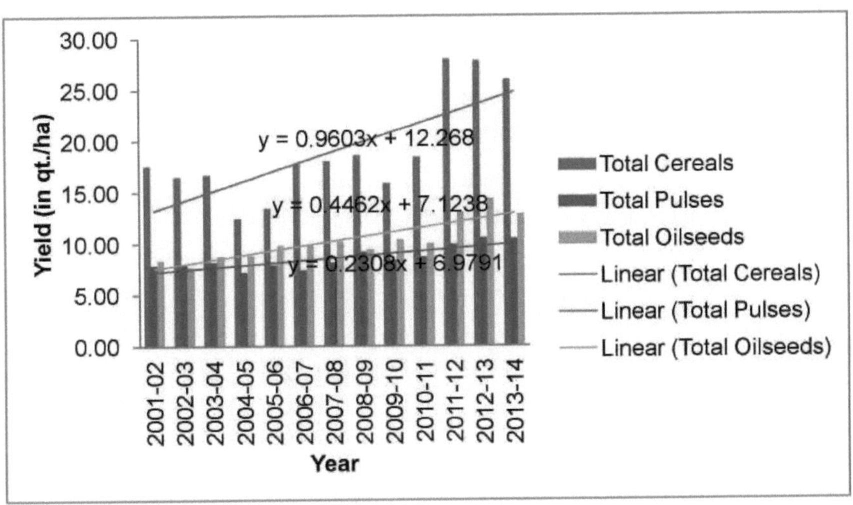

Fig. 5.3: Tendência do rendimento dos principais grupos de culturas

5.4.3. Tendência e taxa de crescimento de culturas selecionadas em diferentes distritos

Por culturas selecionadas entende-se as culturas que contribuíram com mais de 10 por cento da superfície da área bruta cultivada. Na seleção da cultura, todas as culturas cultivadas no estado são consideradas e apenas três corpos, ou seja, arroz, trigo e milho, foram ajustados nos critérios. O arroz contribuiu com cerca de 43%, o trigo com cerca de 28% e o milho com cerca de 10% da área bruta cultivada no triénio que terminou em 2013-14. A taxa de crescimento composto na área, produção e produtividade destas culturas selecionadas é observada em todos os 38 distritos de Bihar para o ano 2001-02 a 2013-14 (Quadro 5.1.3).

Uma análise comparativa das taxas de crescimento da superfície, da produção e do rendimento das principais culturas a nível distrital de Bihar revela resultados mais sólidos para a sugestão de políticas. A área de arroz registou taxas de crescimento negativas em quase todos os distritos de Bihar. A taxa de crescimento é altamente negativa em Lakhisarai (-8,8%), seguida de Patna (-6,1%) e Bhagalpur (-3,9%), em comparação com outros distritos. A taxa de crescimento nalguns distritos como Bhojpur, Sheohar e Buxar foi negligenciável durante o período de estudo. No que respeita à taxa de crescimento da produção de arroz, dos 38 distritos, 35 apresentaram uma taxa de crescimento positiva, enquanto os distritos de Patna, Lakhisarai e Kishanganj apresentaram uma taxa de crescimento da produção altamente negativa. A taxa de crescimento da produtividade do arroz apresentou uma taxa de crescimento positiva em quase todos os distritos de Bihar, exceto em Kishanganj (-0,4%). A taxa de crescimento da produtividade é notória em Khagaria (11,9%), Gaya (10,2%), Nalanda (9,4%), Araria e Jehanabad (9,2%).

A taxa de crescimento negativo da área de trigo foi observada em metade dos distritos do Estado e os restantes distritos registaram uma taxa de crescimento positiva. A taxa de crescimento é altamente negativa em Jamui (-6,9%), seguida de Khagaria (-3,7%) e Kishanganj (-3,0%), em comparação com os outros distritos. A produção e a produtividade do trigo em todos os distritos apresentaram uma taxa de crescimento positiva, exceto em Arwal (-0,5%) e Jamui (-0,7%).

Quadro 5.1.3: Taxa de crescimento composto na área, produção e rendimento de culturas selecionadas em diferentes distritos (Ano 2001-02 a 2013-14, Unidade em %)

District	Rice			Wheat			Maize		
	Area	Prod.	Yield	Area	Prod.	Yield	Area	Prod.	Yield
Patna	-6.1^{***}	-4.0	2.2	-0.2	2.9^{*}	3.1^{**}	-3.0	-0.7	2.2
Nalanda	1.2	10.7^{**}	9.4^{**}	-0.4	4.3^{*}	4.7^{**}	5.6^{***}	10.4^{***}	4.7^{**}
Bhojpur	0.001	5.1	5.2	0.3	2.8	2.4^{*}	2.1	9.5^{***}	7.4^{***}
Buxar	0.1	4.8	4.6	4.9^{***}	6.1^{***}	1.3	3.3	7.1^{**}	3.8
Rohtas	-1.0^{**}	2.0	2.9^{*}	0.9^{**}	2.6^{**}	1.7^{*}	-20.7^{***}	-12.6^{**}	8.1^{***}
Kaimur	-0.4	1.9	2.2	1.6^{**}	2.1	0.6	-12.5^{***}	-3.5	9.0^{***}
Gaya	-3.3	6.9	10.2^{**}	0.6	5.2^{**}	4.5^{**}	0.4	6.4^{**}	5.9^{***}
Jehanabad	-1.0	8.2^{**}	9.2^{**}	6.2^{***}	9.9^{***}	3.6^{**}	3.9^{*}	10.2^{**}	6.3^{***}
Arwal	-1.3	2.3	3.6^{*}	-0.7	-0.5	0.3	-1.8	10.8^{***}	12.6^{***}
Nawada	-1.3	6.5	7.8^{**}	0.3	4.5^{*}	4.2^{**}	-2.5	2.8	5.4^{***}
Aurangabad	0.4	4.8^{*}	4.4^{*}	4.3^{***}	4.9^{**}	0.6	-7.8	0.1	7.9^{***}
Saran	-1.1^{**}	1.6	2.8	-1.1^{**}	2.4^{**}	3.5^{***}	-0.6	1.0	1.5
Siwan	-0.8	1.6	2.4	0.2	4.0^{***}	3.8^{***}	0.2	2.5^{*}	2.4
Gopalganj	-0.4	3.0	3.4	-0.4^{**}	5.2^{***}	5.6^{***}	-1.9^{**}	3.6^{**}	5.6^{***}
W.Champaran	-0.3	3.1	3.4	-1.5^{**}	1.6	3.1	-4.6^{*}	-0.3	4.3
E.Champaran	-0.7	1.7	2.4	1.5^{*}	5.1^{*}	3.6	8.7^{***}	7.1^{**}	-1.6
Muzaffarpur	-1.9^{**}	3.2	5.1	-0.5	4.1^{**}	4.6^{**}	-5.1^{*}	-1.8	3.3^{*}
Sitamarhi	1.0	7.2^{*}	6.2^{*}	3.2^{**}	10.1^{***}	6.9^{***}	11.2^{*}	13.1^{*}	1.9
Sheohar	0.001	5.7	5.7	0.6	8.5^{***}	7.9^{***}	1.9	-0.9	-2.8
Vaishali	-3.2^{***}	2.0	5.2	0.1	6.0^{**}	5.9^{***}	0.4	3.2^{*}	2.8^{*}
Darbhanga	-2.5^{*}	3.4	5.9^{**}	-0.7	6.3^{**}	7.1	6.2^{***}	11.1^{***}	4.9^{***}
Madhubani	-1.0	4.3	5.3^{*}	1.4^{**}	9.1^{***}	7.7^{***}	-4.6	4.1	8.6^{***}
Samastipur	1.5	9.1^{*}	7.6^{*}	1.1^{**}	9.0^{***}	7.9^{***}	1.0	5.1^{**}	4.1
Begusarai	0.4	3.6	3.2	-0.3	4.8^{***}	5.1^{***}	-0.7^{**}	1.9	2.6
Munger	0.9	2.5	1.6	-2.7^{***}	1.6	4.3^{***}	-4.0^{*}	-0.4	3.6^{***}
Sheikhpura	0.5	5.6	5.1	2.7^{**}	6.5^{***}	3.8^{***}	-15.9^{*}	-11.0	4.9^{**}
Lakhisarai	-8.8^{*}	-4.6	4.2	8.4^{***}	12.5^{***}	4.1^{*}	-0.3	-1.9	-1.6
Jamui	-1.4	3.3	4.7	-6.9^{***}	-0.7	6.1^{***}	-8.4^{***}	-5.7	2.7
Khagaria	-1.8	10.1	11.9^{***}	-3.7^{***}	4.9	8.6^{**}	2.2^{**}	5.4^{***}	3.3^{**}
Bhagalpur	-3.9^{**}	2.8	6.7^{**}	-0.4	5.3^{***}	5.7^{***}	-0.6	6.8^{**}	7.4^{***}
Banka	-0.6	5.6	6.2^{**}	-1.6	5.2^{**}	6.7^{***}	-4.4	4.0	8.4^{***}
Saharsa	0.7	3.8	3.1	1.0	4.1	3.2^{**}	6.6^{***}	12.9^{***}	6.4^{***}
Supaul	-2.0^{**}	0.2	2.3^{*}	-2.9^{**}	0.4	3.3^{**}	-1.3	5.2	6.5^{***}
Madhepura	-1.7	0.4	2.1	-2.9^{**}	2.8	5.7^{**}	3.7	5.7^{*}	2.0
Purnea	-2.5^{**}	0.6	3.0	-2.8^{**}	4.3^{*}	7.1^{***}	-0.5	2.0	2.5^{*}
Kishanganj	-1.9^{***}	-2.2	-0.4	-3.0^{**}	0.4	3.4	12.6	20.3	7.6^{**}
Araria	0.4	9.7^{***}	9.2^{***}	0.9	11.3^{***}	10.4^{***}	3.7	11.8^{**}	8.1^{***}
Katihar	-3.1^{*}	2.0	5.1^{*}	-2.5^{*}	6.8^{***}	9.3^{***}	7.2^{***}	13.8^{***}	6.6^{***}

*** Significativo ao nível de 1% de probabilidade

** Significativo ao nível de 5% de probabilidade

* Significativo ao nível de 10% de probabilidade

Dos 38 distritos, a taxa de crescimento negativo da área de milho foi observada em 20 distritos. A taxa de crescimento é altamente negativa em Rohtas (-20,7%), seguida de Sheikhpura (-15,9%) e Kaimur (-12,5%), em comparação com outros distritos. No que respeita à taxa de crescimento da produção de milho, 10 distritos registaram uma taxa de crescimento negativa. Os distritos de Rohtas (-12,6%), Sheikhpura (-11,0%) e Jamui (5,7%) registaram uma taxa de crescimento da produção altamente negativa. A taxa de crescimento da produtividade do milho apresentou uma taxa de crescimento positiva em todos os distritos de Bihar, exceto em Sheohar (-2,8%), E. Champaran e Lakhisarai (-1,6%).

A taxa de crescimento negativo na área do arroz não é um problema para a agricultura do Estado, porque a área do arroz é excedentária no Estado, mas a taxa de crescimento negativo na área do trigo e do milho é preocupante para a agricultura do Estado. Os distritos que registaram uma taxa de crescimento negativa na produção e produtividade do arroz, trigo e milho irão melhorar o seu desempenho.

As figuras 5.4 a 5.6 mostram a linha de tendência linear na área, produção e rendimento de culturas selecionadas no Estado.

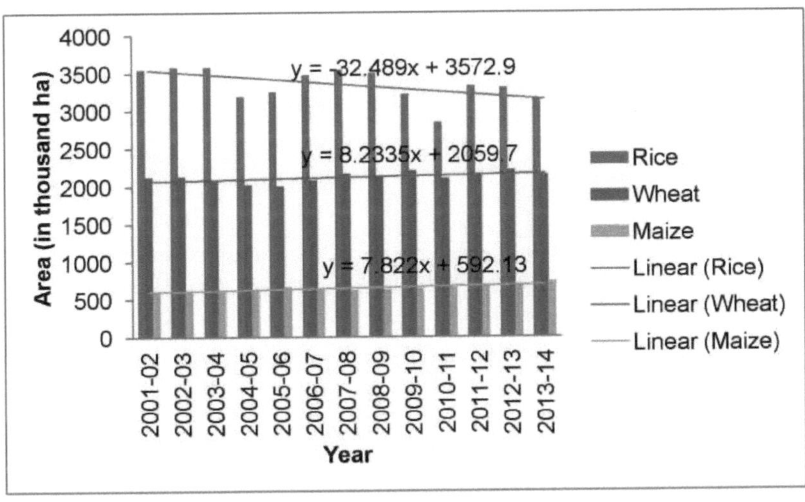

Fig. 5.4: Tendência da área das culturas selecionadas

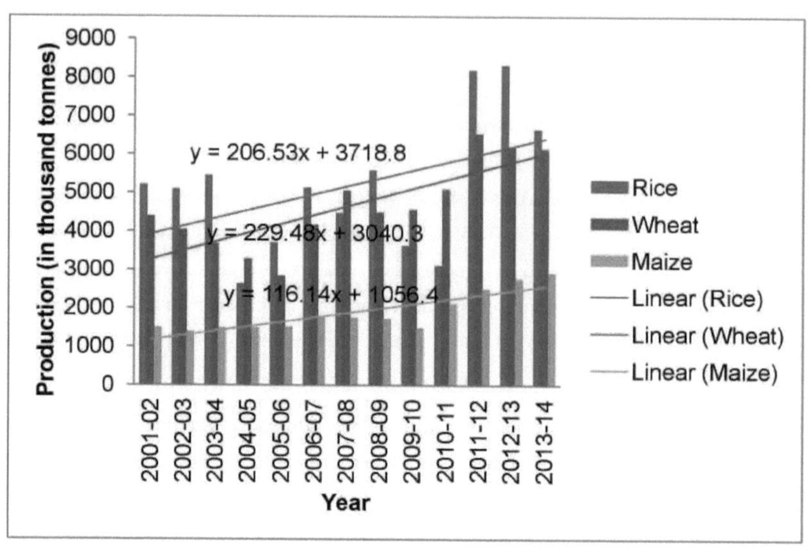

Fig. 5.5: Tendência da produção de culturas selecionadas

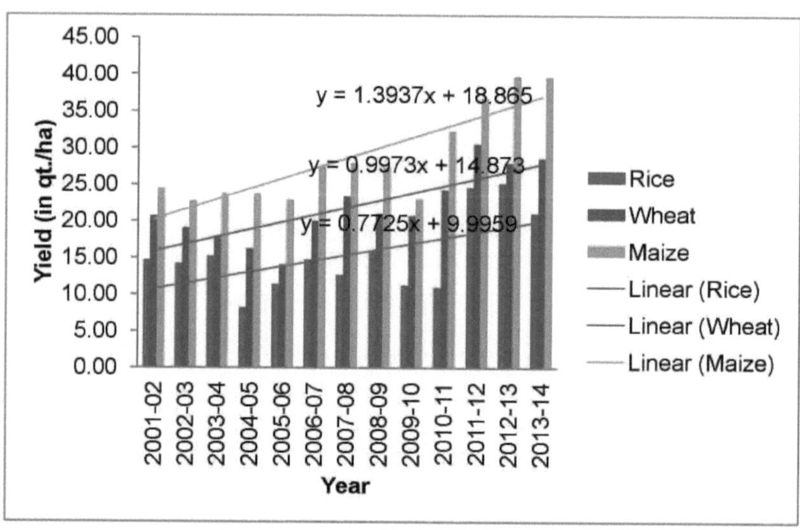

Fig. 5.6: Tendência do rendimento das culturas selecionadas

5.4.4. Padrão espacial do crescimento agrícola

Esta secção examina a natureza e o padrão do crescimento da produção e da produtividade a nível distrital. É igualmente efectuada uma tentativa de classificação cruzada dos distritos em função do crescimento da produção e dos níveis de produtividade. Os 38 distritos do Estado de Bihar foram divididos nas quatro categorias seguintes, com base no crescimento registado na sua produção.

São elas

I Distritos de elevado crescimento: os que registam uma taxa de crescimento anual superior a 4 % por ano

II Distritos de crescimento médio: Os que registam uma taxa de crescimento anual entre 2 e 4% ao ano

III Distritos de baixo crescimento: aqueles com uma taxa de crescimento anual inferior a 2% por ano

IV Distritos com crescimento negativo: Os que têm uma taxa de crescimento anual inferior a zero

Arroz

Durante o período de 2001-02 a 2013-14, a taxa de crescimento global da produção de arroz de 3,4% ao ano foi associada a uma taxa de crescimento do rendimento de 4,3% e a uma taxa de crescimento da área de -1,0% ao ano. Assim, a nível estatal, a taxa de crescimento do rendimento foi responsável por quase 126% do crescimento da produção. 12 distritos, que representam 28,07% da área total de arroz no estado, registaram uma taxa de crescimento inferior a 2% por ano. Os restantes 26 distritos do estado registaram uma taxa de crescimento negativa, representando 71,93% da área de arroz.

No que diz respeito à produção de arroz, 15 distritos, que representaram 40,48% da produção de arroz durante o período em referência, registaram uma taxa de crescimento superior a 4% ou mais, 13 distritos registaram uma taxa de crescimento média de 2 a 4%, enquanto 7 e 3 distritos registaram uma taxa de crescimento baixa e negativa, respetivamente. Os distritos de crescimento da produtividade com taxas de crescimento elevadas, médias, baixas e negativas foram 22, 14, 1 e 1, respetivamente. A partir dos resultados, é evidente que a fonte predominante de crescimento durante o período foi o crescimento da produtividade.

Tabela 5.1.4: Disposição dos distritos em termos de crescimento da área, produção e rendimento de arroz e sua participação no total do estado

Principais culturas	Prod. Comp.	Taxa de crescimento elevada (≥4%)	Quota (%)	Taxa de crescimento média (2-3,99%)	Quota (%)	Baixa taxa de crescimento (<2%)	Quota (%)	Taxa de crescimento negativa	Quota (%)
Arroz	Área					Nalanda, Bhojpur, Buxar, Aurangabad, Sitamarhi, Sheohar, Samastipur, Begusarai, Munger, Sheikhpura, Saharsa, Araria	28.07	Patna, Rohtas, Kaimur, Gaya, Jehanabad, Arwal, Nawada, Saran, Siwan, Gopalganj, W. Champaran, E. Champaran, Mazaffarpur, Vaishali, Darbhanga, Madhubani,	71.93

								Lakhisarai, Jamui, Khagaria, Bhagalpur, Banka, Supaul, Madhepura, Purnea, Kishanganj, Katihar	
	Prod.	Nalanda, Bhojpur, Buxar, Gaya, Jehanabad, Nawada, Aurangabad, Sitamarhi, Sheohar, Madhubani, Samastipur, Sheikhpura, Khagaria, Banka, Araria	40.48	Rohtas, Arwal, Gopalganj, W. Champaran, Mazaffarpur, Vaishali, Darbhanga, Begusarai, Munger, Jamui, Bhagalpur, Saharsa, Katihar	32.55	Kaimur, Saran, Siwan, E. Champaran, Supaul, Madhepura, Purnea	21.23	Patna, Lakhisarai, Kishanganj	5.74
	Rendimento	Nalanda, Bhojpur, Buxar, Gaya, Jehanabad, Nawada, Aurangabad, Mazaffarpur, Sitamarhi, Sheohar, Vaishali, Darbhanga, Madhubani, Samastipur, Sheikhpura, Lakhisarai, Jamui, Khagaria, Bhagalpur, Banka, Araria, Katihar		Patna, Rohtas, Kaimur, Arwal, Saran, Siwan, Gopalganj, W. Champaran, E. Champaran, Begusarai, Saharsa, Supaul, Madhepura, Purnea		Munger		Kishanganj	

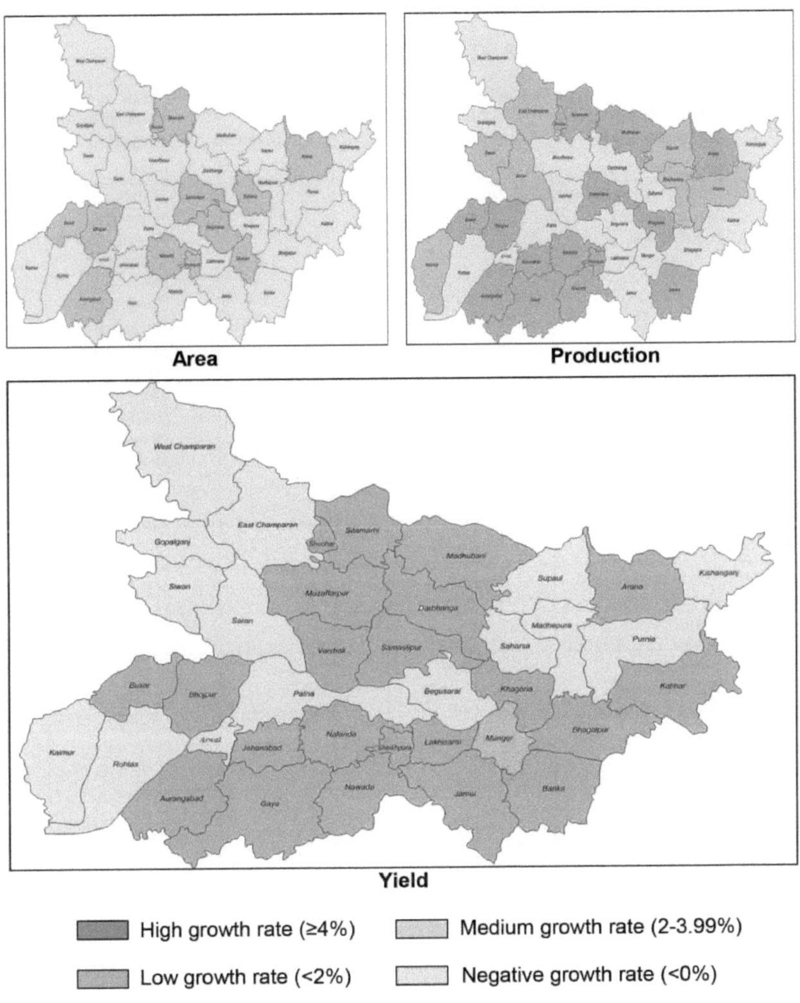

Fig 5.7: Taxa de crescimento do arroz em diferentes distritos

Quadro 5.1.5: Disposição dos distritos em função do crescimento da área, da produção e do rendimento do trigo e da sua quota-parte no total do Estado

Principais culturas	Prod. Comp.	Taxa de crescimento elevada (≥4%)	Quota (%)	Taxa de crescimento média (2-3,99%)	Quota (%)	Baixa taxa de crescimento (<2%)	Quota (%)	Taxa de crescimento negativa	Quota (%)
Trigo	Área	Buxar, Jehanabad, Aurangabad, Lakhisarai	9.28	Sitamarhi, Sheikhpura	4.23	Bhojpur, Rohtas, Kaimur, Gaya, Nawada, Siwan, E. Champaran, Sheohar, Vaishali, Madhubani, Samastipur, Saharsa, Araria	41.55	Patna, Nalanda, Arwal, Saran, Gopalganj, W. Champaran, Muzaffarpur, Darbhanga, Begusarai, Munger, Jamui, Khagaria, Bhagalpur, Banka, Supaul, Madhepura, Purnea, Kishanganj, Katihar	44.94
	Prod.	Nalanda, Buxar, Gaya, Jehanabad, Nawada, Aurangabad, Siwan, Gopalganj, E. Champaran, Muzaffarpur, Sitamarhi, Sheohar, Vaishali, Darbhanga, Madhubani, Samastipur, Begusarai, Sheikhpura, Lakhisarai, Khagaria, Bhagalpur, Banka, Saharsa, Purnea, Araria, Katihar	66.96	Patna, Bhojpur, Rohtas, Kaimur, Saran, Madhepura	24.82	W. Champaran, Munger, Supaul, Kishanganj	7.24	Arwal, Jamui	0.98
	Rendimento	Nalanda, Gaya, Nawada, Gopalganj, Muzaffarpur, Sitamarhi, Sheohar, Vaishali, Darbhanga, Madhubani, Samastipur, Begusarai, Munger, Lakhisarai, Jamui, Khagaria, Bhagalpur, Banka, Madhepura,		Patna, Bhojpur, Jehanabad, Saran, Siwan, W. Champaran, E. Champaran, Sheikhpura, Saharsa, Supaul, Kishanganj		Buxar, Rohtas, Kaimur, Arwal, Aurangabad			

		Purnea, Araria, Katihar							

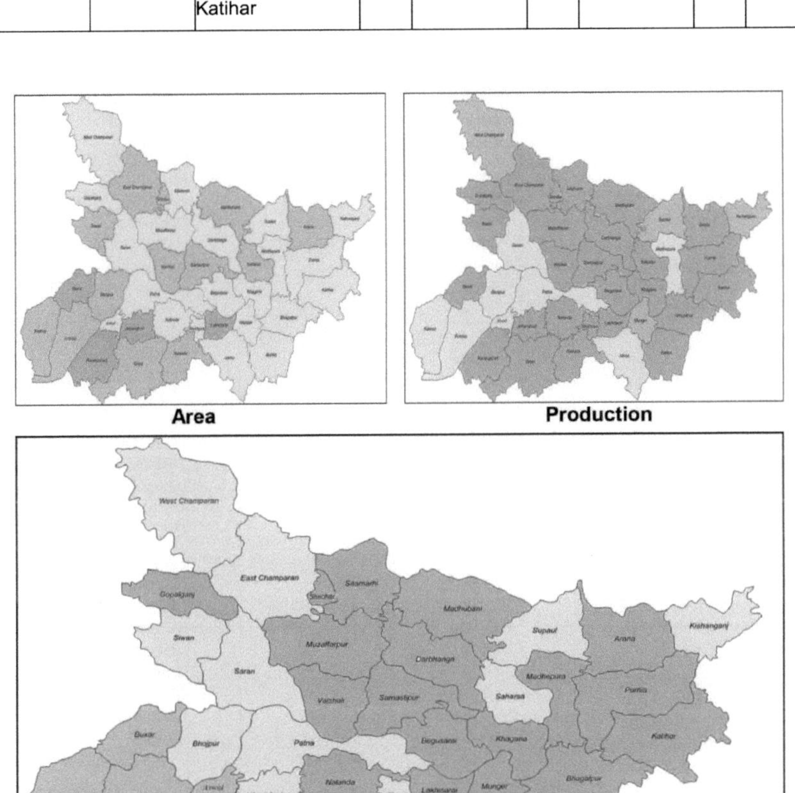

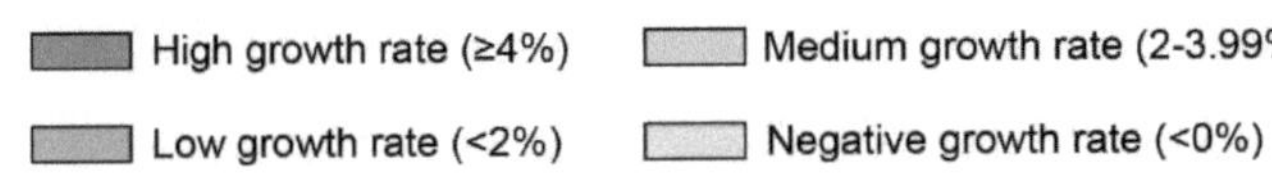

Fig. 5.8: Taxa de crescimento do trigo em diferentes distritos

Tabela 5.1.6: Disposição dos distritos em termos de crescimento da área, produção e rendimento de milho e a sua quota-parte no total do Estado

Principais culturas	Prod. Comp.	Taxa de crescimento elevada (≥4%)	Quota (%)	Taxa de crescimento média (2-3,99%)	Quota (%)	Baixa taxa de crescimento (<2%)	Quota (%)	Taxa de crescimento negativa	Quota (%)
Milho	Área	Nalanda, E. Champaran, Sitamarhi, Darbhanga, Saharsa, Kishanganj, Katihar	19.27	Bhojpur, Buxar, Jehanabad, Khagaria, Madhepura, Araria	18.42	Gaya, Siwan, Sheohar, Vaishali, Samastipur	15.97	Patna, Rohtas, Kaimur, Arwal, Nawada, Aurangabad, Saran, Gopalganj, W. Champaran, Muzaffarpur, Madhubani, Begusarai, Munger, Sheikhpura, Lakhisarai, Jamui, Bhagalpur, Banka, Supaul, Purnea	46.34
	Prod.	Nalanda, Bhojpur, Buxar, Gaya, Jehanabad, Arwal, E. Champaran, Sitamarhi, Darbhanga, Madhubani, Samastipur, Khagaria, Bhagalpur, Banka, Saharsa, Supaul, Madhepura, Kishanganj, Araria, Katihar	66.79	Nawada, Siwan, Gopalganj, Vaishali, Purnea	14.94	Aurangabad, Saran, Begusarai	9.48	Patna, Rohtas, Kaimur, W. Champaran, Muzaffarpur, Sheohar, Munger, Sheikhpura, Lakhisarai, Jamui	8.79
	Rendimento	Nalanda, Bhojpur, Rohtas, Kaimur, Gaya, Jehanabad, Arwal, Nawada, Aurangabad, Gopalganj, W. Champaran, Darbhanga, Madhubani, Samastipur, Sheikhpura, Bhagalpur, Banka, Saharsa, Supaul, Kishanganj, Araria, Katihar		Patna, Buxar, Siwan, Muzaffarpur, Vaishali, Begusarai, Munger, Jamui, Khagaria, Madhepura, Purnea		Saran, Sitamarhi		E. Champaran, Sheohar, Lakhisarai	

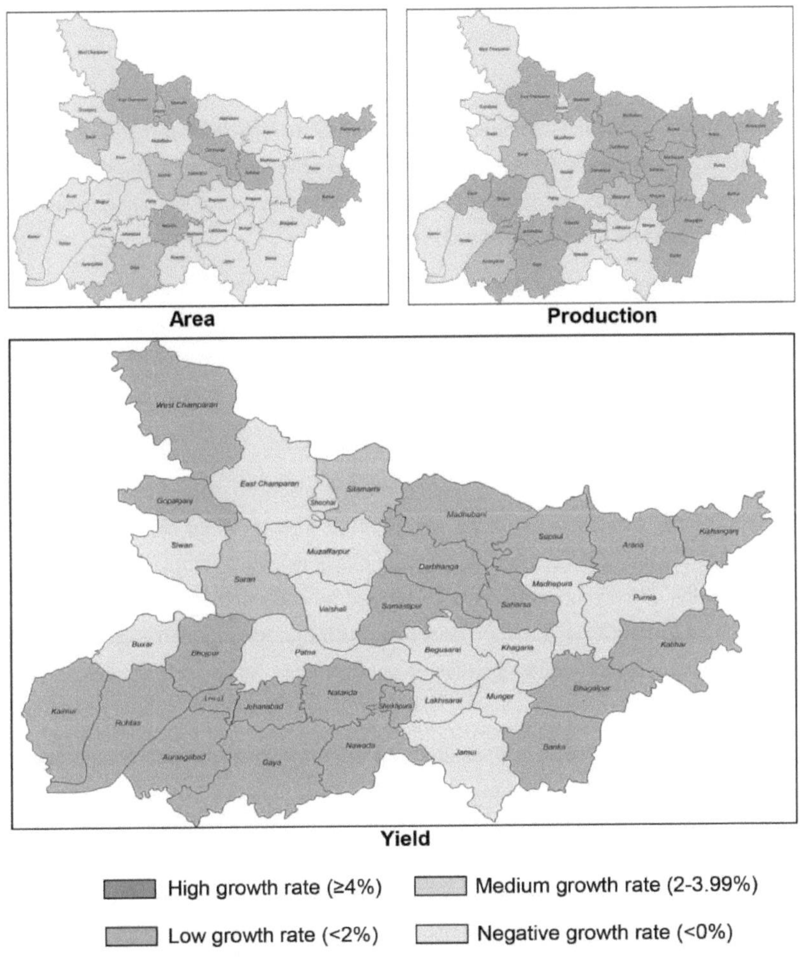

Fig. 5.9: Taxa de crescimento do milho em diferentes distritos

Trigo

No caso da área de trigo, exatamente metade do total de distritos do Estado apresentou uma taxa de crescimento negativa e a sua quota-parte colectiva foi de 44,94% na área total de trigo no Estado para o ano de 2001-02 a 2013-14. 13 distritos apresentaram uma taxa de crescimento positiva, que foi baixa e a sua quota foi de 41,55%. No caso de uma taxa de crescimento média e elevada, apenas 2 e 4 distritos foram abrangidos e a sua contribuição conjunta foi de 13,51%. A situação da produção e da produtividade era muito melhor do que a da área. No caso da produção, a maior parte dos distritos registou uma taxa de crescimento positiva e apenas dois distritos (Arwal e Jamui) registaram uma taxa de crescimento negativa, sendo a sua percentagem negligenciável (0,98%) na produção total de trigo no Estado. Nenhum dos distritos apresentou uma taxa de crescimento negativa no que respeita ao rendimento do trigo.

Milho

No caso da área de milho, 20 distritos apresentaram uma taxa de crescimento negativa e a sua quota foi de 46,34%. 8,79% da produção veio dos distritos que se enquadram no grupo de taxa de crescimento negativa e apenas três distritos (E. Champaran, Sheohar e Lakhisarai) apresentaram taxa de crescimento negativa na produtividade do milho.

As Tabelas 5.1.4 a 5.1.6 inferem que temos de dar ênfase apenas aos distritos que se enquadram no grupo de taxa de crescimento negativa na área, produção e produtividade de arroz, trigo e milho. A área de arroz não é problemática, mas a área de trigo e de milho deve aumentar. A produção e a produtividade das três culturas devem ser maximizadas.

5.5. Tendências emergentes e padrão de diversificação agrícola

Nesta secção, as tendências emergentes e o padrão de diversificação agrícola no Estado são compreendidos através da estimativa da parte do Produto Interno Bruto do Estado (PIBS) proveniente da agricultura e actividades conexas, da parte das principais culturas na área cultivada bruta, da contribuição dos distritos na área de culturas selecionadas para o total do Estado, do índice de diversificação e do padrão de consumo alimentar em Bihar. Anteriormente, foi examinada a extensão da diversificação agrícola entre subsectores e, novamente, no sector das culturas, entre culturas.

A diversificação na agricultura refere-se à passagem da predominância de uma cultura para a produção de várias culturas, a fim de satisfazer a procura cada vez maior de cereais, leguminosas, produtos hortícolas, frutos, oleaginosas, fibras, forragens e gramíneas, combustível, etc. A diversificação das culturas tem em conta os rendimentos económicos das diferentes culturas de valor acrescentado. Existem duas abordagens para a diversificação das culturas na agricultura.

I Diversificação horizontal

É a principal abordagem da diversificação das culturas na agricultura de produção. Neste caso, a diversificação tem lugar através da intensificação das culturas, acrescentando novas culturas de elevado valor ao sistema de cultivo existente, como forma de melhorar a produtividade global de uma economia agrícola. Por outras palavras, a diversificação horizontal consiste no aumento do número de culturas cultivadas, tendo em conta a racionalidade económica desta expansão.

II Diversificação vertical

Trata-se do acesso do agricultor ao rendimento não agrícola, ou seja, ao rendimento proveniente de fontes não agrícolas.

Diversificação vertical

5.5.1. Percentagem do PIB proveniente da agricultura e actividades conexas

O quadro 5.2.1 mostra as alterações da parte da agricultura em relação à não-agricultura no produto interno do Estado em Bihar. Em conformidade com a teoria do desenvolvimento económico, com um maior crescimento económico em Bihar, tem-se verificado um declínio contínuo da parte da agricultura no Produto Interno Bruto (PIB), ou seja, de 31,91% em 2001-02 para 18,89% em 2013-14, enquanto a parte da não-agricultura aumentou de 68,09% para 81,11% no mesmo período.

Quadro 5.2.1: Percentagem do PIB proveniente da agricultura e da não-agricultura em Bihar

(Unidade em %)

Ano	Agricultura	Não-agrícola
2001-02	31.91	68.09
2002-03	35.28	64.72
2003-04	31.35	68.65
2004-05	31.54	68.46
2005-06	28.42	71.58
2006-07	30.45	69.55
2007-08	26.70	73.30
2008-09	27.71	72.29
2009-10	22.72	77.28
2010-11	23.05	76.95
2011-12	23.51	76.49
2012-13	23.09	76.91
2013-14	18.89	81.11
Taxa de crescimento (%)	-4.3	1.6

A diminuição da parte da agricultura e dos sectores conexos no PIB é um resultado esperado numa economia em rápido crescimento e em mutação estrutural. O sector agrícola registou um crescimento de -4,3% durante o período em referência. O sector não agrícola registou um crescimento de 1,6%. Não obstante o facto de a parte do sector agrícola no PIB ter vindo a diminuir e de a taxa de crescimento anual ter sido inferior à do sector não agrícola ao longo dos períodos em análise, o seu papel continua a ser fundamental, uma vez que proporciona emprego a cerca de dois terços da mão de obra.

5.5.2. Percentagem do PIB na agricultura e actividades conexas

No sector da agricultura e actividades conexas em Bihar, a parte do PIB na agricultura, incluindo a pecuária, aumentou de 83,49% em 200102 para 87,56% em 2013-14. A parte da silvicultura e da exploração florestal diminuiu de 11,61% para 6,90% e a da pesca aumentou de 4,90% para 5,54% durante o mesmo período (quadro 5.2.2).

Quadro 5.2.2: Percentagem do PIB na agricultura e actividades conexas em Bihar

(Unidade em %, taxa de crescimento composta de 2001-02 a 2013-14)

Setor	2001-02	2005-06	2010-11	2013-14	CGR
Agricultura, incluindo Pecuária	83.49	82.26	87.88	87.56	4.6***
Silvicultura e exploração florestal	11.61	12.29	8.05	6.90	-0.9**
Pesca	4.90	5.44	4.08	5.54	3.9***

*** Significativo ao nível de 1% de probabilidade

** Significativo ao nível de 5% de probabilidade

* Significativo ao nível de 10% de probabilidade

A taxa de crescimento composto da agricultura, incluindo a pecuária, foi de 4,6%, significativa a um nível de probabilidade de 10% durante o período de 2001-02 a 2013-14. Ao contrário, a taxa de crescimento composto da silvicultura e da exploração florestal foi negativa, ou seja, -0,9%, significativa a um nível de probabilidade de 5%, e a da pesca foi de 3,9% a um nível de probabilidade de 10% durante o mesmo período.

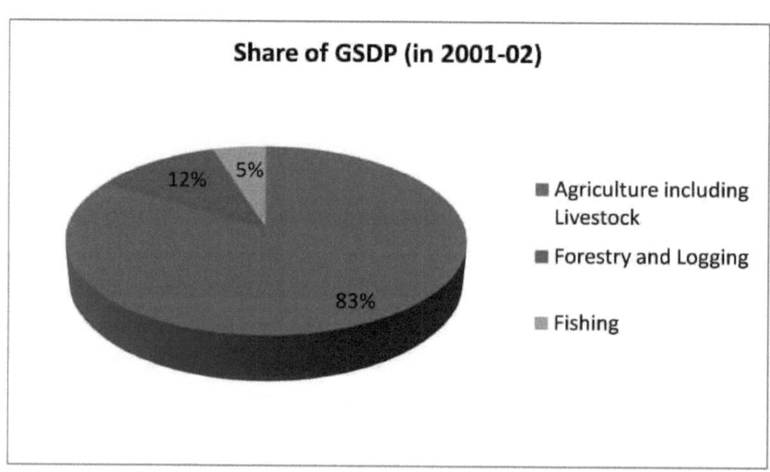

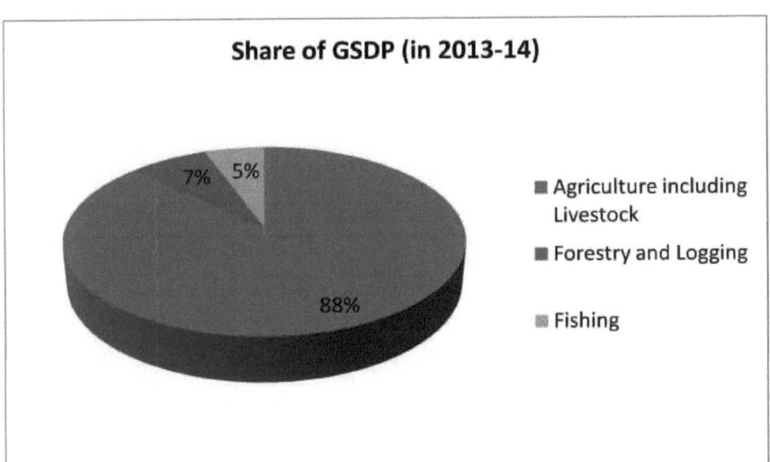

Fig. 5.10: Percentagem do PIB na agricultura e actividades conexas em Bihar Diversificação horizontal

5.2.3. Percentagem das principais culturas na superfície bruta cultivada no Estado

Observa-se na tabela 5.2.3 que o arroz, que é o principal alimento básico do estado, continua a ser a cultura mais importante, a sua quota desceu de 45% no ano 2001-02 para 41,39% em 2013-14. A quota-parte das culturas de milho e trigo aumentou ao longo do período, em graus variáveis. A participação da área de milho na área cultivada bruta aumentou continuamente durante o período de 7,71% em 2001-02 para 9,62% em 2013-14. Este facto é atribuído à expansão da indústria de rações devido ao crescimento do sector avícola em Bihar.

Quadro 5.2.3: Percentagem das principais culturas na superfície bruta cultivada no Estado

(Unidade em %)

Cultura	2001-02	2005-06	2010-11	2013-14
Arroz	44.98	43.96	39.55	41.39
Trigo	26.90	27.06	29.19	28.22
Milho	7.71	8.94	9.09	9.62
Total Cereais	80.11	80.57	78.29	79.54
Total de impulsos	8.79	7.66	7.47	6.56
Total de cereais alimentares	89.90	88.23	85.76	86.10
Total de sementes oleaginosas	1.87	1.86	1.98	1.61
Total das culturas têxteis	2.03	2.01	2.57	1.53
Cana-de-açúcar	1.43	1.40	3.61	3.38
Área bruta cultivada (em milhares de hectares)	7896.66	7396.49	7194	7613.45

A parte do trigo na superfície cultivada bruta aumentou de 26,90% para 28,22%. Em Bihar, as culturas de oleaginosas e de fibras quase desapareceram. Mas, nos últimos anos, a cana-de-açúcar também está a ganhar importância devido à sua procura crescente.

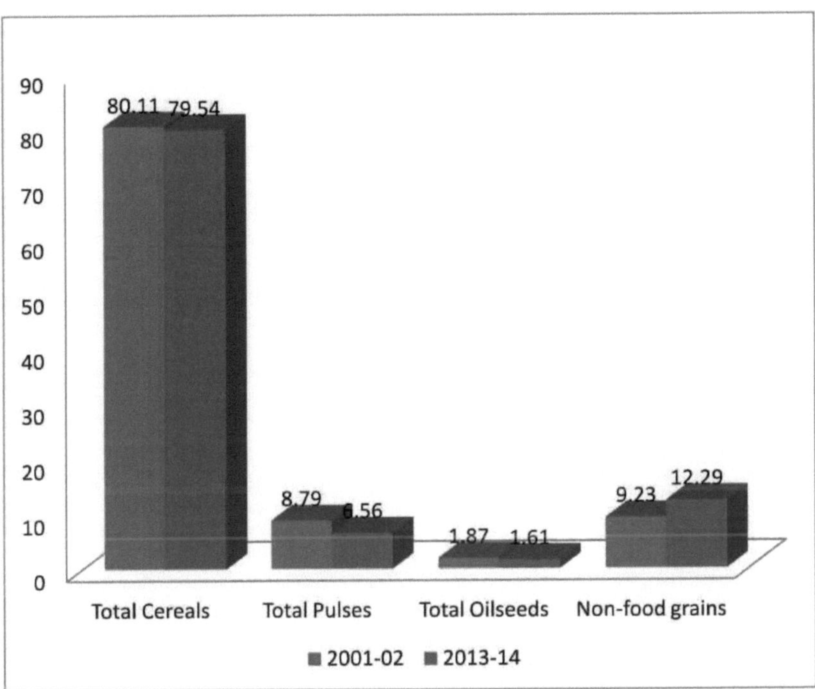

Fig 5.11: Percentagem das principais culturas na ACP em Bihar

5.2.4. Percentagem das principais culturas nos diferentes distritos na superfície cultivada bruta

Uma ideia sobre a extensão da diversificação de culturas a nível distrital pode ser formada observando as mudanças na quota de área de várias culturas em relação à área bruta cultivada. O quadro 5.2.4 mostra a quota-parte dos principais grupos de culturas na área cultivada bruta, segundo os distritos.

Quadro 5.2.4: Percentagem distrital dos principais grupos de culturas na área bruta cultivada

(Percentagem em %, GCA em '000 hectares)

Distrito	Cereais		Impulsos		Sementes oleaginosas		Horticultura		GCA	
	ET 2003 - 04	**ET 2013 - 14**	**ET 2003 - 04**	**ET 2013 - 14**	**ET 2003 - 04**	**ET 2013 - 14**	**ET 2003 - 04**	**ET 2013 - 14**	**ET 2003 - 04**	**ET 2013 - 14**
Patna	68.7	64.6	17.8	14.1	1.2	1.3	9.3	15.5	257.7	198.1
Nalanda	82.2	81.2	6.8	6.9	0.7	0.8	6.2	6.8	221.6	256.9
Bhojpur	82.2	78.1	7.8	6.5	1.2	1.6	5.9	7.9	237.1	235.0
Buxar	80.2	83.4	6.5	5.0	1.8	1.3	5.1	5.7	149.0	187.2
Rohtas	90.9	94.3	3.3	1.9	0.7	0.4	3.6	2.6	361.6	338.1
Kaimur	86.3	90.0	8.3	5.3	0.3	0.3	2.7	3.2	199.7	202.9
Gaya	84.1	86.4	4.0	3.6	0.5	0.7	5.5	8.0	265.6	213.0
Jehanabad	75.1	80.8	16.5	10.4	1.6	0.6	3.9	5.3	90.2	110.4
Arwal	89.5	87.2	2.4	3.8	1.1	1.5	3.2	4.9	53.3	47.4
Nawada	89.0	83.1	5.4	4.6	0.6	0.7	4.1	6.1	149.2	137.0
Aurangabad	81.7	85.3	9.1	7.6	1.0	0.8	5.0	5.3	282.3	304.8
Saran	87.5	89.6	3.5	1.8	1.1	0.7	7.3	5.4	239.0	210.4
Siwan	88.3	93.8	6.5	1.5	0.7	0.6	3.4	3.3	250.3	230.1
Gopalganj	84.4	82.6	3.0	1.5	1.8	1.7	9.4	13.6	235.0	225.6
W.Champaran	70.0	57.8	9.0	13.1	1.8	3.8	11.8	14.8	375.5	428.0
E.Champaran	88.4	83.7	2.9	2.5	0.9	0.9	7.1	11.1	344.4	419.0
Muzaffarpur	81.6	79.9	6.4	5.6	1.8	1.7	9.3	11.3	327.1	300.8
Sitamarhi	86.5	83.6	4.6	2.9	1.8	1.4	6.0	11.1	209.7	257.2
Sheohar	91.3	70.9	2.5	9.5	0.6	2.1	2.5	15.7	43.4	57.6
Vaishali	70.5	74.3	6.1	3.3	1.8	1.3	20.3	20.4	197.7	168.6
Darbhanga	85.3	84.6	4.6	3.1	0.7	0.9	7.3	10.2	196.3	168.9
Madhubani	84.1	83.8	4.9	3.7	1.6	1.5	7.8	9.5	314.4	302.2
Samastipur	71.7	77.2	8.6	4.5	2.1	1.3	16.3	15.9	253.2	261.9
Begusarai	83.7	80.5	3.9	2.6	1.3	1.7	9.7	14.2	176.7	173.6
Munger	92.8	85.6	3.0	2.9	0.4	1.1	1.9	8.7	62.6	59.9
Sheikhpura	91.0	81.9	3.9	6.4	0.8	0.5	3.0	10.0	53.3	63.5
Lakhisarai	77.2	71.4	18.6	18.3	1.8	1.7	1.8	7.6	78.2	104.6
Jamui	88.9	94.0	4.6	2.8	0.5	0.4	4.8	1.0	83.5	66.3
Khagaria	86.6	86.8	7.6	5.9	0.9	1.1	3.6	5.2	134.8	124.3
Bhagalpur	78.4	79.3	7.4	6.0	1.8	1.7	11.4	11.9	177.3	151.2
Banka	88.8	88.2	3.0	1.8	0.8	0.6	6.7	8.6	161.4	150.7
Saharsa	82.6	92.0	5.0	1.4	1.2	0.2	10.4	5.5	204.8	209.0
Supaul	72.0	69.1	14.7	12.5	1.8	1.7	10.0	15.2	260.8	221.8
Madhepura	78.0	74.7	9.5	9.1	1.8	1.7	9.5	13.3	220.9	203.8
Purnea	71.5	74.0	11.6	3.6	1.8	1.7	13.8	18.9	307.9	240.7
Kishanganj	67.7	71.6	9.8	5.5	1.8	1.7	18.9	19.0	188.0	149.7
Araria	69.6	75.4	13.5	6.0	1.8	1.8	13.5	15.8	282.1	291.7
Katihar	74.6	68.3	6.4	6.8	1.9	3.5	15.9	20.2	271.0	263.9

Horticultura= Frutas + Legumes

A diversificação das culturas é uma estratégia para maximizar a utilização da terra, da água e de outros recursos para o desenvolvimento agrícola global. Proporciona aos agricultores opções viáveis para cultivar diferentes culturas em diferentes distritos, a fim de evitar riscos e incertezas devidos a variações climáticas e biológicas.

Uma procura crescente de culturas hortícolas estimulou frequentemente o padrão de cultivo que se deslocou para as culturas hortícolas no passado recente. Pode ainda observar-se que a percentagem do total de cereais em relação à ABC no Estado aumentou ligeiramente de 79,86%

para 80,49% entre a ET 2003-04 e a ET 2013-14. Relativamente aos distritos, todos os distritos dedicaram mais de dois terços da ABC aos cereais em ambos os períodos. A percentagem do total de cereais na AOG em 21 distritos diminuiu nos dois triénios, enquanto 17 distritos aumentaram a percentagem de cereais na AOG. Registou-se uma diminuição significativa da percentagem da totalidade das leguminosas na área cultivada bruta em todos os distritos do Estado, com exceção dos distritos de Nalanda, Arwal, W. Champaran, Sheohar, Sheikhpura e Katihar, nos dois períodos. Foram observadas tendências semelhantes para as sementes oleaginosas, que registaram um declínio, enquanto a área cultivada com culturas hortícolas registou um rápido aumento nos últimos anos devido ao aumento da procura de frutos e produtos hortícolas.

5.2.5. Contribuição do distrito em área de culturas selecionadas para o total do Estado

As culturas selecionadas são o arroz, o trigo e o milho, cuja contribuição individual é de, pelo menos, 10 por cento na ACP. A Tabela 5.2.5 mostra a área distrital de culturas selecionadas durante a ET 2003-04 e a ET 2013-14 e a sua mudança relativa. Na maioria dos distritos, a área de arroz diminuiu entre a ET 2003-04 e a ET 2013-14, mas alguns distritos (Kaimur, Sheohar e Begusarai) não registaram alterações durante o mesmo período. Patna cobria 105 mil ha de área de arroz na ET 200304, que diminuiu para 60 mil ha na ET 2013-14, revelando uma mudança relativa máxima de 42,9% entre todos os distritos do estado.

A área de trigo na maior parte dos distritos diminuiu da ET 2003-04 para a ET 2013-14 e Nalanda, Siwan e Vaishali não registaram alterações durante o mesmo período. Lakhisarai cobria uma área de trigo de 23 mil ha na ET 2003-04, que aumentou para 51 mil ha na ET 2013-14, revelando uma variação relativa máxima de 121,7 por cento entre todos os distritos, enquanto o distrito de Jamui registou uma variação relativa máxima de 55,6 por cento.

Quadro 5.2.5: Contribuição do distrito em área de culturas selecionadas para o total do Estado

(Área em milhares de hectares)

Distrito	Arroz			Trigo			Milho		
	ET 2003-04	ET 2013-14	RC (%)	ET 2003-04	ET 2013-14	RC (%)	ET 2003-04	ET 2013-14	RC (%)
Patna	105	60	-42.9	61	59	-3.3	9	8	-11.1
Nalanda	93	117	25.8	83	83	0	4	7	75
Bhojpur	110	105	-4.5	80	74	-7.5	3	4	33.3
Buxar	70	75	7.1	47	78	65.9	1	2	100
Rohtas	196	175	-10.7	130	142	9.2	1	0.2	-80
Kaimur	104	104	0	65	77	18.5	1	0.4	-60
Gaya	154	110	-28.6	62	66	6.5	5	6	20
Jehanabad	44	50	13.6	20	36	80	1	2	100
Arwal	30	26	-13.3	15	14	-6.7	1	1	0
Nawada	80	65	-18.7	48	46	-4.2	2	2	0
Aurangabad	171	173	1.2	56	84	50	1	1	0
Saran	82	75	-8.5	94	83	-11.7	30	29	-3.3
Siwan	107	103	-3.7	92	92	0	19	19	0
Gopalganj	93	89	-4.3	86	82	-4.6	17	14	-17.6
W.Champaran	159	165	3.8	80	68	-15	22	13	-40.9
E.Champaran	187	185	-1.1	177	329	85.9	17	49	188.2
Muzaffarpur	145	116	-20	88	80	-9.1	32	20	-37.5
Sitamarhi	111	116	4.5	65	91	40	3	14	366.7
Sheohar	25	25	0	11	13	18.2	1	2	100
Vaishali	61	46	-24.6	43	43	0	33	35	6.1
Darbhanga	89	64	-28.1	66	59	-10.6	10	19	90
Madhubani	179	160	-10.6	81	91	12.3	2	1	-50
Samastipur	85	100	17.6	53	57	7.5	41	43	4.9
Begusarai	28	28	0	56	53	-5.4	62	58	-6.5
Munger	26	28	7.7	21	16	-23.8	9	7	-22.2
Sheikhpura	24	26	8.3	20	24	20	3	0.4	-86.7
Lakhisarai	31	15	-51.6	23	51	121.7	5	7	40
Jamui	48	50	4.2	18	8	-55.6	7	3	-57.1
Khagaria	26	20	-23.1	41	29	-29.3	47	58	23.4
Bhagalpur	46	30	-34.8	44	41	-6.8	47	47	0
Banka	102	97	-4.9	26	24	-7.7	13	10	-23.1
Saharsa	92	98	6.5	48	49	2.1	28	44	57.1
Supaul	117	97	-17.1	56	42	-25	12	13	8.3
Madhepura	85	69	-18.8	47	38	-19.1	38	43	13.2
Purnea	120	97	-19.2	58	42	-27.6	40	38	-5
Kishanganj	95	81	-14.7	28	21	-25	1	4	300
Araria	122	129	5.7	57	61	7	15	28	86.7
Katihar	127	90	-29.1	44	36	-18.2	28	53	89.3

A área de milho em Patna, Rohtas, Kaimur, Saran, Gopalganj, W. Champaran, Muzaffarpur, Madhubani, Begusarai, Munger, Sheikhpura, Jamui, Banka e Purnea diminuiu durante os dois períodos. O aumento máximo da área de milho registou-se em Sitamarhi, com uma variação relativa de 366,7%.

A Tabela 5.2.5 inferiu que a área de todas as três culturas selecionadas diminuiu na maioria dos distritos, o que pode ser transferido para outras culturas, o que significa que a diversificação ocorreu em certa medida.

5.2.6. Índice de Diversificação de Simpson

A diversificação oferece uma maior escolha na produção de culturas numa determinada área. Ao mesmo tempo, o cultivo de uma variedade de culturas reduz o risco. O índice de Simpson de diversificação de cereais alimentares e culturas selecionadas foi calculado para avaliar o grau de diversificação e é apresentado no quadro 5.2.6. Neste índice, os cereais alimentares e as culturas selecionadas foram considerados porque a superfície proporcional de cereais alimentares e de culturas selecionadas é mais elevada em Bihar.

Quadro 5.2.6: Índice de Simpson de diversificação de cereais alimentares e culturas selecionadas, ou seja, arroz, trigo e milho no Estado

Ano	Grãos alimentares	Culturas selecionadas
2001-02	0.35	0.69
2002-03	0.36	0.70
2003-04	0.36	0.69
2004-05	0.37	0.70
2005-06	0.34	0.69
2006-07	0.34	0.67
2007-08	0.34	0.66
2008-09	0.33	0.67
2009-10	0.30	0.67
2010-11	0.38	0.67
2011-12	0.33	0.63
2012-13	0.35	0.61
2013-14	0.36	0.60

O quadro 5.2.6 mostra que a diversificação das culturas, para além dos cereais alimentares, aumentou a partir de 2001-02, mas depois de 2004-05 registou um declínio e, novamente após 2009-10, aumentou, indicando assim um aumento da diversificação das culturas a nível agregado. Isto deve-se ao facto de a área cultivada com frutas, legumes e cana-de-açúcar ter registado um aumento substancial. Os níveis de diversificação dos cereais alimentares em Bihar foram muito baixos. A diversificação das culturas selecionadas diminuiu ao longo dos anos, de 2001-02 a 2013-14. Tal deve-se ao facto de, no âmbito das culturas selecionadas, a superfície cultivada com trigo e milho ter registado um aumento marginal, ao passo que, simultaneamente, a superfície cultivada com arroz registou um declínio. A superfície cultivada com milho aumentou devido ao aumento da procura de forragens ou de alimentos para aves de capoeira e o trigo parece ter beneficiado da política de preços favorável durante vários anos.

5.2.7. Padrão de consumo alimentar em Bihar

A Tabela 5.2.7 mostra o padrão de consumo alimentar em Bihar em termos de kg por pessoa por ano durante o ano 2004-05 e 2011-12 e a mudança relativa foi estimada para o mesmo período. Do lado da procura, o crescimento económico sustentado, o aumento do rendimento per capita, a urbanização crescente e o desenvolvimento da globalização estão a causar uma mudança nos padrões de consumo em Bihar.

Quadro 5.2.7: Padrão de consumo alimentar em Bihar

(kg/pessoa/ano)

Alimentação	**2004-05**	**2011-12**	**Variação relativa (%)**
Arroz	85.8	75.4	-12.12
Trigo	69.1	68.7	-0.58
Cereais	159.4	145.7	-8.59
Impulsos	9.3	9.8	5.38
Óleo comestível	5.6	6.4	14.29
Legumes	83.2	70.3	-15.51
Frutos	8.0	7.8	-2.5
Leite	46.4	57.9	24.78
Açúcar	5.7	6.3	10.53
Não-vegetais	2.9	3.8	31.03

Fonte: Instituto Internacional de Investigação sobre Políticas Alimentares, Washington, D.C.

O consumo de arroz, trigo, cereais, legumes e frutas, em quilogramas por pessoa e por ano, diminuiu entre 2004-05 e 2011-12. Em contrapartida, as leguminosas, o óleo alimentar, o leite, o açúcar e os produtos não vegetais registaram um aumento durante o mesmo período. O consumo de produtos não-vegetais em Bihar foi de 2,9 kg/pessoa/ano em 2004-05, tendo aumentado para 3,8 kg/pessoa/ano em 2011-12, o que revelou uma variação relativa máxima de 31,03% em comparação com outros alimentos. Estas mudanças nos padrões de consumo revelam claramente que a segurança alimentar já não se limita à disponibilidade de cereais, mas envolve um cabaz alimentar diversificado que inclui produtos de elevado valor, como frutas, legumes, leite, carne, ovos, peixe e produtos transformados. O Estado de Bihar alcançou a autossuficiência na produção de géneros alimentícios, mas ainda não atingiu a segurança nutricional.

5.3. Constrangimentos à diversificação das culturas

A diversificação das culturas no Estado está a assumir a forma de um aumento das áreas cultivadas com culturas comerciais, incluindo produtos hortícolas e frutas. No entanto, este fenómeno ganhou ímpeto na última década, favorecendo o aumento da área cultivada com produtos hortícolas e frutas e também, em certa medida, com culturas comerciais como a cana-de-açúcar. Os principais problemas e condicionalismos da diversificação das culturas devem-se principalmente às razões que se seguem, com um grau de influência variável.

1. Mais de 54,94 lakh ha (72,17%) da área cultivada bruta no estado depende completamente

da precipitação

2. Utilização sub-óptima e excessiva de recursos como a terra e os recursos hídricos, causando um impacto negativo no ambiente e na sustentabilidade da agricultura

3. Fornecimento inadequado de sementes e plantas de cultivares melhoradas

4. Fragmentação da propriedade fundiária favorecendo menos a modernização e a mecanização da agricultura

5. Infra-estruturas de base deficientes, como estradas rurais, eletricidade e transportes, comunicação, etc.

6. Tecnologias pós-colheita inadequadas e infra-estruturas inadequadas para o manuseamento pós-colheita de produtos hortícolas perecíveis

7. Indústria de base agrícola muito fraca

8. Ligações fracas entre a investigação, a extensão e os agricultores

9. Recursos humanos com formação inadequada e analfabetismo persistente e em grande escala entre os agricultores

10. Hospedeiro de doenças e pragas que afectam a maioria das plantas cultivadas

11. Base de dados deficiente para as culturas hortícolas

12. Diminuição dos investimentos no sector agrícola ao longo dos anos

6. RESUMO, CONCLUSÃO E SUGESTÃO

Bihar é o 13.^{oth} maior estado da Índia em termos de área e é considerado um dos estados progressistas. O crescimento global do PIB aumentou para 10,4%, com uma taxa de crescimento do sector agrícola de 3,7% por ano durante o triénio que terminou em 2013-14. No entanto, no sector agrícola, o sector das culturas está a crescer a um ritmo mais lento, o que constitui uma preocupação para sustentar o crescimento do sector agrícola em Bihar. Este estudo procura responder a: i) Se a agricultura em Bihar está a diversificar-se de produtos de menor para maior valor, qual é o padrão ii) Se a diversificação conduz a um crescimento inclusivo e iii) Que tipo de tecnologias, políticas e instituições são necessárias para uma diversificação agrícola mais rápida e, consequentemente, para o crescimento agrícola. O presente estudo tem por objetivo analisar as tendências e os padrões da diversificação agrícola e do desenvolvimento conexo no Estado de Bihar. Tendo em conta os pontos acima referidos, o presente estudo constitui uma tentativa de estudar o desempenho do crescimento e as potencialidades da diversificação agrícola em Bihar, com os seguintes objectivos específicos

4. Analisar o padrão de crescimento temporal e espacial da área, da produção e do rendimento das principais culturas.

5. Examinar as tendências emergentes e o padrão de diversificação agrícola, incluindo a diversificação horizontal e vertical.

6. Conhecer os constrangimentos à diversificação agrícola e sugerir estratégias e políticas adequadas para um crescimento agrícola acelerado e diversificado.

O presente estudo limita-se ao Estado de Bihar, que representa 2,9 por cento da área geográfica da União Indiana. Compreende 38 distritos e o estudo abrangeu todos os distritos e o Estado no seu conjunto para atingir os objectivos estabelecidos.

Os dados secundários relativos à superfície, à produção e ao rendimento das principais culturas, ao total de cereais, ao total de leguminosas, ao total de oleaginosas, às culturas não alimentares, etc., e à distribuição setorial do produto interno bruto do Estado foram recolhidos abrangendo um período de mais de uma década, ou seja, de 2001-02 a 2013-14. Os dados relativos ao padrão de consumo alimentar em Bihar abrangem apenas os anos 2004-05 e 2011-12.

Os dados foram recolhidos de várias edições, nomeadamente Bihar Through Figures publicada pela Direção de Economia e Estatística, Bihar, Patna, Economic Survey Report publicado pelo Departamento das Finanças, GOB e diferentes sítios Web.

Foram incluídas no estudo culturas que ocupam pelo menos 10% da área cultivada bruta do Estado. As culturas de arroz, trigo e milho cultivadas em 10% ou mais da área bruta cultivada no estado. Assim, estas culturas são abrangidas pelo estudo que, em conjunto, partilharam 79,23% da área bruta cultivada durante o ano agrícola de 2013-14.

Para analisar os dados secundários recolhidos, foram utilizadas as variações absolutas e relativas, a tendência, a taxa de crescimento composta e o índice de diversificação de Simpson.

Principais conclusões

As principais conclusões do estudo são resumidas a seguir

1. A área cultivada bruta em Bihar era de 7912,26 mil hectares no triénio que terminou em 2003-04, tendo diminuído para 7660,81 mil hectares no triénio que terminou em 2013-14, dos quais 87,20% eram cultivados com cereais alimentares. Entre as culturas, o arroz, o trigo e o milho foram as principais culturas que, em conjunto, ocuparam 91,68% e 96,52% da área e da produção totais de cereais alimentares, respetivamente. A área cultivada com arroz diminuiu de 3570 mil ha no ano de referência para 3258 mil ha no ano atual, enquanto a área cultivada com trigo e milho aumentou de 2110 mil ha para 2166 mil ha e de 611 mil ha para 700 mil ha, respetivamente. A área de cereais alimentares diminuiu 4,69 por cento e a área total de oleaginosas e de culturas fibrosas diminuiu 9,80 por cento e 18,35 por cento durante os dois períodos. A área total de frutos aumentou 10,80 por cento e a área total de legumes 31,80 por cento. Globalmente, a produção total de cereais alimentares aumentou de 11254 mil toneladas no triénio que terminou em 2003-04 para 17318 mil toneladas no triénio que terminou em 2013-14, inteiramente devido ao aumento da produção total de cereais de 10700 mil toneladas no ano de referência para 16789 mil toneladas no ano em curso. A produção de leguminosas diminuiu 4,59 por cento.

2. A superfície, a produção e o rendimento das principais culturas em Bihar, ou seja, o arroz, o trigo e o milho, apresentaram uma taxa de crescimento positiva, exceto a superfície de arroz (-1,0%). Nos grupos de culturas, a área de todos os grupos de culturas apresentou uma taxa de crescimento negativa, enquanto a produção e a produtividade de todos os grupos de culturas apresentaram uma taxa de crescimento positiva, exceto a produção total de leguminosas (-0,2%). A taxa de crescimento negativo da área de arroz (-1,0%), significativa ao nível de 5% de probabilidade, mostrou que a área de arroz está a diminuir gradualmente a um ritmo mais lento e pode ser transferida para outras culturas, o que não constitui um problema para a cultura do arroz, uma vez que este contribuiu com a área máxima (cerca de 43%) na área bruta cultivada. Apesar da taxa de crescimento negativa da área de arroz, a taxa de crescimento da produção (3,4%) e da produtividade (4,3%) do arroz aumentou, o que constitui um bom sinal de melhoria da cultura do arroz.

3. A taxa de crescimento da superfície de arroz paddy registou uma taxa de crescimento negativa em quase todos os distritos de Bihar. A taxa de crescimento é altamente negativa em Lakhisarai (-8,8%), seguida de Patna (-6,1%) e Bhagalpur (-3,9%), em comparação com outros distritos. No que respeita à taxa de crescimento da produção de arroz, dos 38 distritos, 35 apresentaram uma taxa de crescimento positiva. A taxa de crescimento negativo da área de trigo foi observada em metade dos distritos do Estado. A produção e a produtividade do trigo em todos os distritos apresentaram uma taxa de crescimento positiva, exceto em Arwal (0,5%) e Jamui (-0,7%). A taxa de crescimento negativo da área de milho foi observada em 20 distritos. A taxa de crescimento é altamente negativa em Rohtas (-20,7%), seguida de Sheikhpura (-15,9%) e Kaimur (-12,5%), em comparação com outros distritos. Os distritos de Rohtas (-12,6%), Sheikhpura (-11,0%) e Jamui (-5,7%) registaram uma taxa de crescimento altamente negativa na produção de milho.

4. Dos 38 distritos, 26 distritos do Estado registaram uma taxa de crescimento negativa, representando 71,93% da área de arroz. No que se refere à produção de arroz, 15 distritos, que representaram 40,48% da produção de arroz durante o período em referência, registaram uma taxa de crescimento superior a 4% e mais, 13 distritos registaram uma taxa de crescimento média de 2 a 4%, enquanto 7 e 3 distritos registaram uma taxa de crescimento baixa e negativa, respetivamente. No caso da área de trigo, exatamente metade do total dos distritos do Estado apresentou uma taxa de crescimento negativa e a sua quota-parte colectiva foi de 44,94% na área total de trigo no Estado entre 2001-02 e 2013-14. No caso da produção de trigo, a maioria dos distritos registou uma taxa de crescimento positiva e apenas dois distritos (Arwal e Jamui) registaram uma taxa de crescimento negativa. No caso da área de milho, 20 distritos apresentaram uma taxa de crescimento negativa e a sua quota-parte foi de 46,34%. 8,79% da produção provém dos distritos que se enquadram no grupo da taxa de crescimento negativa.

5. Com um crescimento económico mais elevado em Bihar, tem-se verificado um declínio contínuo da parte da agricultura no Produto Interno Bruto (PIB), ou seja, de 31,91% em 2001-02 para 18,89% em 2013-14, enquanto a parte da não-agricultura aumentou de 68,09% para 81,11% no mesmo período. O sector agrícola registou um crescimento de -4,3 por cento durante o período em referência, enquanto o sector não agrícola registou um crescimento de 1,6 por cento.

6. No sector da agricultura e actividades conexas em Bihar, a parte do PIB na agricultura, incluindo a pecuária, aumentou de 83,49% em 2001-02 para 87,56% em 2013-14. A parte da silvicultura e da exploração florestal diminuiu de 11,61% para 6,90% e a da pesca aumentou de 4,90% para 5,54% durante o mesmo período.

7. O arroz, que é o principal alimento básico do Estado, continua a ser a cultura mais importante, a sua quota-parte na área cultivada bruta desceu de 45% no ano 2001-02 para 41,39% em 2013-14. A quota-parte do milho na área cultivada bruta aumentou continuamente de 7,71% para 9,62% durante o mesmo período. Este facto é atribuído à expansão da indústria de rações devido ao crescimento do sector avícola em Bihar. A parte do trigo na superfície cultivada bruta aumentou de 26,90% para 28,22%. Em Bihar, as culturas de oleaginosas e de fibras quase desapareceram. Mas, nos últimos anos, a cana-de-açúcar também está a ganhar importância devido à sua procura crescente.

8. Em Bihar, todos os distritos dedicaram mais de dois terços da AOG aos cereais em ambos os períodos, ou seja, no TE 2003-04 e no TE 2013-14. Dos 38 distritos, a percentagem do total de cereais na BCA em 21 distritos diminuiu nos dois triénios, enquanto em 17 distritos a percentagem de cereais na BCA aumentou. Em todos os distritos do Estado, exceto nos distritos de Nalanda,

Arwal, W. Champaran, Sheohar, Sheikhpura e Katihar, registou-se uma diminuição significativa da percentagem da totalidade das leguminosas na área cultivada bruta em dois períodos. Foram observadas tendências semelhantes para as sementes oleaginosas, que registaram um declínio, enquanto a área cultivada com culturas hortícolas registou um rápido aumento nos últimos anos devido ao aumento da procura de frutos e produtos hortícolas.

9. A área de arroz na maioria dos distritos diminuiu da ET 2003-04 para a ET 2013-14, mas alguns distritos (Kaimur, Sheohar e Begusarai) não registaram alterações durante o mesmo período. Patna cobria 105 mil ha de área de arroz na ET 2003-04, que diminuiu para 60 mil ha na ET 2013-14, revelando uma variação relativa máxima de 42,9 por cento entre todos os distritos do Estado. A área de trigo na maioria dos distritos diminuiu da ET 2003-04 para a ET 2013-14. Lakhisarai cobria uma área de trigo de 23 mil ha na ET 2003-04, que aumentou para 51 mil ha na ET 2013-14, revelando uma variação relativa máxima de 121,7 por cento entre todos os distritos, enquanto o declínio máximo da área de trigo registado no distrito de Jamui revelou uma variação relativa de 55,6 por cento. O aumento máximo da área de milho foi registado em Sitamarhi, com uma variação relativa de 366,7 por cento.

10. A diversificação das culturas, para além dos cereais alimentares, calculada pelo índice de Simpson, aumentou a partir de 2001-02, mas após 2004-05 registou um declínio e, novamente após 2009-10, aumentou, indicando assim um aumento da diversificação das culturas a nível agregado. Isto deve-se ao facto de a área cultivada com frutas, legumes e cana-de-açúcar ter registado um aumento substancial. A diversificação das culturas selecionadas diminuiu ao longo dos anos, de 2001-02 a 2013-14.

11. O consumo de arroz, trigo, cereais, legumes e frutas, em quilogramas por pessoa e por ano, diminuiu entre 2004-05 e 2011-12. Em contrapartida, as leguminosas, o óleo alimentar, o leite, o açúcar e os produtos não vegetais registaram um aumento durante o mesmo período. O Estado de Bihar alcançou a autossuficiência na produção de géneros alimentícios, mas ainda não atingiu a segurança nutricional.

12. A pluviosidade insuficiente, a utilização excessiva dos recursos, o fornecimento inadequado de sementes de cultivares melhoradas, a fragmentação da propriedade fundiária, as infra-estruturas de base deficientes, as tecnologias pós-colheita inadequadas, a indústria de base agrícola muito fraca, as ligações fracas entre investigação-extensão-agricultor, os recursos humanos com formação inadequada, a diminuição dos investimentos no sector agrícola, etc., são os principais problemas e limitações da diversificação das culturas em Bihar.

Sugestões

Deste estudo resultaram muitas implicações políticas para converter as oportunidades em benefícios. O aproveitamento do potencial de diversificação pressupõe uma reestruturação gradual das instituições de mercado, das infra-estruturas e das normas de qualidade e de crédito que dificultam a diversificação, transformando-as em instituições que favorecem a diversificação. Para tornar a agricultura rentável, sustentável e competitiva, a diversificação agrícola terá de ser intensamente promovida, com destaque para a tão necessária disponibilidade de sementes de qualidade, a transformação e a cadeia de valor, em especial no caso das oleaginosas, leguminosas secas e culturas hortícolas, que se tornam uma componente crucial do crescimento e do desenvolvimento orientados para a agricultura. Para tal, seria necessário facilitar e melhorar a transformação, a comercialização, a garantia de qualidade e o reforço das infra-estruturas para uma rápida multiplicação da diversificação. A ausência destas facilidades levou a uma série de falta de diversificação no Estado.

Existe, no entanto, um consenso quanto ao facto de os desafios futuros serem, de facto, assustadores, exigindo uma maior atenção e esforços. Há uma necessidade premente de aumentar o investimento público no desenvolvimento de infra-estruturas como mercados, estradas, comunicações, etc., para ajudar a acelerar o ritmo da diversificação. A fim de gerar rendimentos adicionais através do aumento das oportunidades de emprego numa base sustentável, o agricultor deve ser encorajado a dedicar-se às culturas não alimentares com maior potencial de valor acrescentado. O cenário agrícola em mutação obrigou a comunidade agrícola e os decisores políticos no domínio da agricultura a procurar uma carteira de produção mais remuneradora e viável.

7. BIBLIOGRAFIA

Bala, B. e Sharma, S.D. (2005) Effect on Income and Employment of Diversification and Commercialization of Agriculture in Kullu District of Himachal Pradesh. Agricultural Economics Research Review, 18: 261-269.

Behera, U.K., Sharma, A.R. e Mahapatra, I.C. (2008) Crop Diversification for Efficient Resource Management in India: Problems, Prospects and Policy. Journal of Sustainable Agriculture, 17 de outubro.

Bhalla, G.S. e Singh, G. (2009) Economic Liberalization and Indian Agriculture: A State-wise Analysis. Economic and Political Weekly, 54: 34-44.

Haque, T., Bhattacharya, M., Sinha, G., Kalra, P. e Thomas, S. (2010) Constraints and Potentials of Diversified Agricultural Development in Eastern India. Conselho para o Desenvolvimento Social (CSD), Nova Deli.

Jadhav, S.K. e Deshmukh, K.V. (2014) Agricultural Development in Maharashtra State. Agricultural Economics Research Review, 27.

Jadhav, S.K. e Deshmukh, K.V. (2014) Crop Diversification in Marathwada Region of Maharashtra: An Economic Analysis. Agricultural Economics Research Review, 27.

Jha, S.C. (2008) Bihar's Agriculture Development: Opportunities & Challenges. A Report of the Special Task Force on Bihar, Governo da Índia, Nova Deli.

Joshi, P.K., Birthal, P.S. e Minot, N. (2006) Sources of Agricultural Growth in India: Role of Diversification Towards High-Value Crops. Instituto Internacional de Investigação sobre Políticas Alimentares, Documento de Discussão MTID n.º 98.

Joshi, P.K., Joshi, L. e Birthal, P.S. (2006) Diversification and Its Impact on Smallholders: Evidence from a Study on Vegetable Production. Agricultural Economics Research Review, 19: 219-236.

Kakarlapudi, K.K. (2012) Agricultural Growth Deceleration in India: An Enquiry into Possible Explanations. Jornal de Desenvolvimento e Planeamento Regional, 1 (1).

Kumar, A. e Jain, R. (2013) Growth and Instability in Agricultural Productivity: A District Level Analysis. Agricultural Economics Research Review, 26: 31-42.

Kuni, P.K. (2006) Agricultural Growth and Cropping Pattern Changes in Assam during 1951-52 to 1999-2000. Indian Journal of Agricultural Economics, 60: 350.

Mishra, P. (2005) Reforms and Growth of Indian Agriculture: A Review. Vidyasagar University Journal of Economics.

Mishra, R. e Sinha, A. (2014) Diversificação das culturas na agricultura indiana. Asian Journal of Research in Social Sciences and Humanities, 4: 113-120.

Mittal, S. (2009) Feasibility Check for Diversification towards Horticultural Production. Agricultural Economics Research Review, 22: 81-86.

Mohanty, S., Pattanaik, F. e Patra, R.N. (2013) Agricultural Diversification in Odisha during Post Reform Period (Diversificação agrícola em Odisha durante o período pós-reforma). Agricultural Situation in India, 70(6).

Pandey, V.L. e Suganthi, D. (2015) Fueling agricultural growth in India: Some reflections. Land Use Policy 42 (2015) 227-232.

Pathanayak, M. e Nayak, B.P. (2005) Crop Diversification in Orissa: A Spatio- Temoral Analysis. Divisão de Economia Internacional, Série de Documentos de Trabalho da JNU.

Salam, A., Anwer, E. e Alam, S. (2013) Agriculture and The Economy of Bihar: An Analysis. Revista Internacional de Publicações Científicas e de Investigação, 3(11).

Sharma, D. (2007) Agricultural Trade and Development- The Indian Experience of Liberalization of Agriculture.

Sharma, R. (2007) Agricultural Development and Crop Diversification in Jammu and Kashmir: A District Level Study Patterns, Processes and Determinants. A Receive of Development and Change. 11(2).

Singh, B.K. (2007) Agricultural Diversification in India: Opportunities and Challenges. 4th National Extension Education Congress, Society of Extension Education, Agra & JNKVV, Jabalpur, 45.

Talukdar, K.C., Das, A.K. e Hazarika, J.P. (2006) Agricultural Growth, Crop Diversification and Technology Assessment for Crop with Special References to Rice in the Flood Plains of Assam. Indian Journal of Agricultural Economics, 6: 358-359.

Toor, M.S., Singh, S. e Kaur, I. (2006) Changing Scenario in the Wake of Globalization. Agricultural Situation in India, 64(2).

Velayutham, M. e Palaniappan, S.P. (2003) Crop Diversification for Sustainable Agriculture. Agricultural Situation in India, 60(5).

Verma, M.R., Datta, K.K., Mandal, S. e Tripathi, A.K. (2008) Diversification of Food Production and Consumption Patterns in India. Journal of Agricultural & Food Information, 11 de outubro.

APÊNDICE

APÊNDICE- I

Superfície das principais culturas em Bihar (em milhares de hectares)

Ano	Arroz	Trigo	Milho	Total Cereais	Total de impulsos	Total de sementes oleaginosas	Total das culturas têxteis	Cana-de-açúcar
2001-02	3552	2124	609	6326.26	694.26	147.89	160.56	113.44
2002-03	3581	2127	607	6346.45	696.88	137.23	172.07	107.27
2003-04	3577	2079	618	6282.71	680.88	140.53	178.04	130.6
2004-05	3189	2021	628	5838.8	658.06	131.88	154.39	101.24
2005-06	3251.2	2001.8	661.3	5959.71	566.94	137.9	148.77	104.19
2006-07	3472.5	2076.7	641.2	6237.12	610.07	143.11	154.3	117.18
2007-08	3543.9	2161.5	620.6	6304.68	581.5	142.1	154.3	107
2008-09	3492.1	2133.8	629.2	6333.74	575	130.5	138.1	110.8
2009-10	3213.4	2201.9	640.9	6069.3	564.9	138.8	139.7	115.9
2010-11	2845.4	2100.2	653.7	5632.83	537.92	142.7	185.32	260.26
2011-12	3323.9	2141.9	674.98	6214.62	527.44	133.39	178.3	218.29
2012-13	3298.89	2207.7	693.34	6227.19	515.93	127.7	122.16	250.34
2013-14	3151.46	2148.75	732.28	6056.37	500.01	122.88	116.52	258.06

APÊNDICE- II

Produção das principais culturas em Bihar (em milhares de toneladas)

Ano	Arroz	Trigo	Milho	Total Cereais	Total de impulsos	Total de sementes oleaginosas	Total das culturas têxteis	Cana-de-açúcar
2001-02	5203	4391	1489	11134.63	547.04	123.69	1103.74	5211.11
2002-03	5085	4041	1382	10466.3	558.91	104.93	1096.84	4525.51
2003-04	5445	3688	1474	10499.14	556.81	123.55	1286.26	4285.89
2004-05	2625	3277	1493	7264.72	471.4	116.31	1370.98	4240.46
2005-06	3709.3	2821.2	1519.8	8008.3	447.08	134.36	1472.29	4111.72
2006-07	5121.2	4155.5	1755.9	11077.6	451.42	140.77	1505.21	5338.84
2007-08	4473.4	5050.3	1735.6	11343.65	472.94	144.2	1452.38	4027.2
2008-09	5579.2	4484.8	1719.8	11751.7	527.42	122.42	1127.28	4811.2
2009-10	3625.8	4563.7	1478.6	9616.28	472.46	143.5	1277.67	3443.7
2010-11	3112.6	5094	2108.2	10352.1	467.16	142.24	1309.41	11827.66
2011-12	8187.6	6531	2486.17	17363.65	521.64	174.48	1738.81	11288.58
2012-13	8322.01	6174.26	2755.95	17286.69	542.76	182.74	1717.73	12741.42
2013-14	6649.59	6134.68	2904.24	15716.3	522.02	157.17	1745.08	12881.78

APÊNDICE- III

Produtividade das principais culturas em Bihar (em qt. / ha)

Ano	Arroz	Trigo	Milho	Total Cereais	Total de impulsos	Total de sementes oleaginosas	Total das culturas têxteis	Cana-de-açúcar
2001-02	14.65	20.67	24.45	17.60	7.88	8.36	68.74	459.37
2002-03	14.20	19.00	22.77	16.49	8.02	7.65	63.74	421.88
2003-04	15.22	17.74	23.85	16.71	8.18	8.79	72.25	328.17
2004-05	8.23	16.21	23.77	12.44	7.16	8.82	88.80	418.85
2005-06	11.41	14.09	22.98	13.44	7.89	9.74	98.96	394.64
2006-07	14.75	20.01	27.38	17.76	7.40	9.84	97.55	455.61
2007-08	12.62	23.36	27.97	17.99	8.13	10.15	94.13	376.37
2008-09	15.98	21.02	27.33	18.55	9.17	9.38	81.63	434.22
2009-10	11.28	20.73	23.07	15.84	8.36	10.34	91.46	297.13
2010-11	10.94	24.25	32.25	18.38	8.68	9.97	70.66	454.46
2011-12	24.63	30.49	36.83	27.94	9.89	13.08	97.52	517.14
2012-13	25.23	27.97	39.75	27.76	10.52	14.31	140.61	508.96
2013-14	21.10	28.55	39.66	25.95	10.44	12.79	149.77	499.18

APÊNDICE- IV

Produto Interno Bruto do Estado (PIBS) de Bihar a preços de 2004-05 a custo de factores (em milhões de rupias)

N.º Sr.	Setor	2001-02	2002-03	2003-04	2004-05	2005-06	2006-07	2007-08	2008-09	2009-10	2010-11	2011-12	2012-13	2013-14
01	Agricultura/criação de animais	17338	21999	17989	20673	17875	23338	21290	25983	21987	26365	29931	32694	28908
02	Silvicultura/Logística	2410	2496	2601	2724	2671	2612	2558	2511	2462	2414	2365	2320	2277
03	Pesca	1018	1106	1128	1132	1183	1105	1188	1273	1259	1223	1458	1694	1830
04	Exploração de minas/pedreiras	220	62	50	42	70	58	57	126	92	93	104	92	92
	Subtotal (Primário)	**20985**	**25662**	**21769**	**24572**	**21799**	**27114**	**25092**	**29893**	**25800**	**30095**	**33859**	**36800**	**33108**
05	Fabrico	3898	4223	4052	4379	4104	4368	5446	6535	6270	7698	6990	7117	7377
06	Construção	3104	3703	3613	5138	6371	7959	9442	10746	13511	18156	19573	19597	22464
07	ElectricidadeAbastecimento de água/Gás	1055	1078	1106	1146	1188	1247	1341	1466	1657	1706	1849	1981	2173
	Subtotal (Secundário)	**8056**	**9005**	**8771**	**10664**	**11664**	**13574**	**16229**	**18748**	**21438**	**27560**	**28412**	**28695**	**32013**
08	Transporte/Armazenamento/Comunicação	4285	4586	4293	4612	5104	5776	6321	6958	8738	10512	11967	13379	14981
09	Comércio/Hotel/Restaurante	11180	13324	13402	16286	14856	18024	20486	23236	25408	27845	31804	37735	44824
10	Banca/Seguros	2638	2524	2448	2586	2941	3513	3915	4205	5266	6304	7316	8816	10624
11	Serviços imobiliários/propriedade de habitação/empresas	3530	3676	3843	4041	4402	4818	5269	5788	6343	6834	7517	8302	9209
12	Administração pública	5036	4342	4925	5179	5107	5153	5284	6525	6872	7492	7743	8100	9713
13	Outros serviços	9369	9439	9818	9842	10594	10870	11179	12059	13294	13530	14943	17145	20244
	Subtotal (Terciário)	**36038**	**37890**	**38728**	**42545**	**43003**	**48153**	**52453**	**58771**	**65920**	**72517**	**81290**	**93476**	**109613**
	Total GSDP	**65080**	**72556**	**69268**	**77781**	**76466**	**88840**	**93774**	**107412**	**113158**	**130171**	**143560**	**158971**	**174734**

Printed by Books on Demand GmbH, Norderstedt / Germany